Die Anpassung der Fernsprechanlagen an die Verkehrsschwankungen.

Dissertation

zur

Erlangung der Würde eines Doktor-Ingenieurs

genehmigt von der

Großh. Technischen Hochschule

Fridericiana zu Karlsruhe.

Vorgelegt von

Fritz Lubberger
aus Tiengen A. W.

Springer-Verlag Berlin Heidelberg GmbH

1914

Eingereicht am 12. Oktober 1913
Mündliche Prüfung am 18. Dezember 1913

Referent: Geh. Hofrat Professor Dr. A. Schleiermacher
Korreferent: Professor Dr. H. Hausrath

ISBN 978-3-662-24251-3 ISBN 978-3-662-26364-8 (eBook)
DOI 10.1007/978-3-662-26364-8

Inhaltsverzeichnis.

Die Anpassung der Fernsprechanlagen an die Verkehrsschwankungen.

1. Allgemeines.

Es ist heutzutage noch nicht üblich, für Fernsprechanlagen einen Wirkungsgrad anzugeben. Man gibt Zahlen an, wie etwa, daß 20% aller Anrufe in drei Sekunden beantwortet werden, 50% sind in vier Sekunden beantwortet usw. Diese Zahlen hängen hauptsächlich von der Disziplin im Amte ab.

Mit der Angabe der Schnelligkeit der Beantwortung ist aber die Betriebsgüte noch nicht definiert. Denn dem anrufenden Teilnehmer kommt es nicht allein darauf an, bald abgefragt zu werden, sondern vor allem schnell den Gewünschten zu erhalten.

Versucht man zweierlei Systeme, z. B. Handbetrieb und selbsttätigen Betrieb zu vergleichen, so fehlt jeglicher Maßstab. Man kann angeben, daß ein Ruf im selbsttätigen System durchschnittlich in 6 Sekunden, im handbetriebenen Amt in 9 Sekunden durchgeschaltet werde. Damit ist aber noch nicht angegeben, wie viele Rufe erledigt werden und wie viele infolge unzulänglicher Ausrüstung unerledigt bleiben.

Den entscheidenden Einfluß darauf, ob ein Ruf durchkommt oder nicht, übt die Zahl der Verbindungseinrichtungen aus. Zu diesen sind in Handbetrieben die Beamtinnen, die Stöpselschnüre und Verbindungsleitungen, in selbsttätigen Betrieben die Wähler und Verbindungsleitungen, in halbselbsttätigen Anlagen die Wähler, Beamtinnen und Verbindungsleitungen zu rechnen. Ist einer dieser Anlage- oder Betriebsteile in zu geringer Zahl vorgesehen, so stockt der Verkehr an dieser Stelle und der Dienst wird schlecht.

Die vorliegende Arbeit versucht, eine umfassende Übersicht über die Zusammenhänge von Rufzahlen und der Anzahl der Verbindungsmöglichkeiten mit ihrem Einfluß auf die Betriebsgüte einer Anlage zu geben. Es sind in der letzten Zeit sehr wertvolle theoretische und empirische Arbeiten bekannt geworden, die im Verlaufe der folgenden Darstellungen benutzt werden. Zu einer Übersicht fehlten aber noch mehrere Beiträge, die an geeigneten Stellen geliefert werden.

Wenn der Fernsprechverkehr ganz gleichmäßig wäre, so könnte eine Anlage ohne weiteres so gebaut werden, daß jeder Anruf mit Sicherheit in einer genau bekannten Zeit bis zur Prüfung auf frei oder besetzt durchgeführt würde.

Die Häufigkeit des Besetztseins der angerufenen Leitung spielt keine Rolle für die Betriebsgüte des Amtes. Das Amt hat seine volle Schuldigkeit getan, wenn es eine Verbindung mit einem freien Teilnehmer hergestellt oder den Teilnehmer als besetzt gemeldet hat. Es ist richtig, daß sehr viel benutzte und begehrte Leitungen bis zu 30% der Versuche besetzt gefunden werden, die anrufenden Teilnehmer also ihren Wunsch nicht erfüllt erhalten. Das ist aber eine Angelegenheit des Tarifes, indem nämlich der viel begehrte Teilnehmer mehr Anschlüsse mieten sollte. Die Erscheinungen, die mit dem häufigen Besetztprüfen zusammenhängen, brauchen in der vorliegenden Arbeit nicht berücksichtigt zu werden, da diese sich nur auf das Arbeiten des Amtes bis zum Augenblick der Prüfung bezieht.

In den gebräuchlichen Handbetriebssystemen leistet eine Beamtin an einem Vielfachschrank (ohne Weitergabe der Rufe an eine zweite Beamtin) fast in der ganzen Welt etwa 240 Rufe in der Stunde. Nehmen wir ein Amt an, in dem in einer Stunde 7200 genau gleichmäßig verteilte Rufe gemacht werden, und sei die Gesprächsdauer genau 2 Minuten für jede Verbindung, so würden $7200:240=30$ Beamtinnen anzustellen sein. Eine Verbindungseinrichtung könnte $60:2=30$ Gespräche in der Stunde bewältigen, es wären also $7200:30=240$ Schnurpaare, pro Beamtin also 8 Schnurpaare vorzusehen.

Wie alle anderen Verkehrsarten ist aber der Fernsprechverkehr starken Schwankungen unterworfen. Es muß also zunächst die allgemeine Natur dieser Schwankungen untersucht werden, und zweckmäßig folgt darauf eine Schilderung, wie verschiedene Fernsprechsysteme sich diesen Schwankungen anpassen. Dabei wird sich herausstellen, daß die Größe der Schwankungen für selbsttätige und halbselbsttätige Systeme zahlenmäßig festgelegt werden muß, was mit den bisher bekannten empirischen und theoretischen Mitteln noch nicht vollständig möglich war.

Jede Fernsprechanlage hat Tage der Hochflut. In der Regel sind es die Tage unmittelbar vor Weihnachten. Regelmäßig ist der Verkehr an Sonn- und Festtagen kleiner als an Werktagen, nachts ist der Verkehr kleiner als unter tags und in den Tagesstunden gibt es immer Stunden mit Verkehrsspitzen. Die Lage dieser Hauptverkehrsstunden (oder abgekürzt Hauptstunden) hängt von den Bedürfnissen der Teilnehmer ab und kann theoretisch nicht bestimmt werden.

Auch während der Hauptstunden schwankt der Verkehr, indem einmal mehr, einmal weniger Verbindungen gleichzeitig bestehen.

Ein Amt muß für die gleichzeitig bestehenden Verbindungen ausgerüstet sein; denn es ist das Kriterium für das Zustandekommen einer Verbindung, daß zur Zeit des Eintreffens des Anrufes ein Weg, d. h. eine Verbindungseinrichtung für ihn frei ist. Sind alle diese durch andere bereits bestehende Verbindungen belegt, so versagt das Amt für diesen überzähligen Anruf.

Die genannten Jahres-, Tages-, Stunden- und Gleichzeitigkeitsschwankungen seien unter der Bezeichnung Mengenschwankungen zusammengefaßt. Sie beziehen sich auf die im Amte ankommenden Rufe, d. h. auf die Anrufe der Teilnehmer.

Eine andere Art von Schwankungen bezieht sich auf die vom Amte zu den gewünschten Teilnehmern hin abgehenden Rufe.

Es sei ein Amt mit 10 000 Anschlüssen angenommen, beziffert von 1 bis 10000. Es kann sehr leicht vorkommen, daß der Gesamtverkehr in 2 Stunden, z. B. 10 bis 11 Uhr und 3 bis 4 Uhr, gleich groß ist. Von 10 bis 11 Uhr geht aber der Verkehr hauptsächlich z. B. zur Börse, von 3 bis 4 Uhr von den Kunden zu den Banken hin. In anderen Worten, der vom Amte abgehende Verkehr verteilt sich durchaus nicht gleichmäßig auf die verschiedenen Richtungen, sondern er ist Richtungsschwankungen unterworfen.

Wie haben sich nun die Handbetriebssysteme diesen Schwankungen angepaßt?

Zunächst sei daran erinnert, daß in einem Handamt so viele Anschlüsse auf einen Arbeitsplatz gelegt werden, daß ihre Rufzahl die Leistungsfähigkeit einer Beamtin nicht übersteigt. Der Platz wird ferner mit soviel Schnurpaaren ausgerüstet, als an diesem Platze Verbindungen gleichzeitig sollen bestehen können. Sehr häufig geben konstruktive Rücksichten den Ausschlag für die Platzbelegung, z. B. bei Systemen mit Fallklappen, die einen ganz erheblichen Platz beanspruchen.

Eine eigentliche Berechnung der Platzausrüstung ist nicht gebräuchlich. Es liegen so viele Erfahrungen vor, daß man sich für alle Umänderungen und Neuanlagen an Beispiele halten kann, die sich in der Praxis bewährt haben. Fast immer hat ein Platz 15 bis 18 Schnurpaare, und die Zahl der Abfrageklinken wird erfahrungsgemäß dem zu erwartenden Verkehr angepaßt. Es gibt Plätze mit 120, auch solche mit 200 Anrufzeichen in den neuen Zentralbatterieanlagen.

Mit diesen Annahmen trifft man aber doch nicht die wirklichen Verhältnisse, und im Anfang ist man gezwungen, Anschlüsse so lange von dem einen Platz auf andere zu verlegen, bis die Bedingung, die Rufzahl der Beamtinnenleistung entsprechend zu machen, annähernd erfüllt ist.

Man bedient sich dazu des Zwischenverteilers. Die Teilnehmerleitung wird mit der gleichnumerierten Vielfachleitung verbunden und eine Abzweigung verläuft über den Zwischenverteiler zur Abfrageklinke. Der Abfrageklinke kommt keine Nummer zu, da sie ja durch die Beamtin nicht gemäß eines Nummernauftrages aufgesucht wird. Es ist also gleichgültig, an welcher Stelle sie im Abfragefeld gelegen ist. Am Zwischenverteiler schaltet man daher die Teilnehmerleitungen an ganz beliebig gelegene Abfrageklinken, bis die Belastung der Plätze möglichst gleichmäßig geworden ist.

Periodische Beobachtungen ergeben meistens wieder Ungleichheiten, so daß die Umlegung am Zwischenverteiler von Zeit zu Zeit vorgenommen werden muß. Mit dem Zwischenverteiler ist man imstande, langsamen Schwankungen zu folgen. Schnelle Schwankungen verlangen andere Mittel.

Bei einem Rufansturm auf einen Platz ergibt sich das einfachste Hilfsmittel von selbst. Die Wartezeiten werden vergrößert. Statt daß ein Anruf in mindestens 4 Sekunden erledigt wird, müssen die Teilnehmer 10 bis 12 Sekunden oder noch länger warten, bis sie abgefragt werden. Die Verlängerung der Wartezeiten bedeutet eine Verschlechterung des Betriebes, aber noch kein Versagen.

Bei einem Rufansturm auf einen Platz sind meistens die Nachbarplätze nicht gleichzeitig übermäßig belastet. Daher helfen die Nachbarbeamtinnen aus, indem sie ihrerseits Rufe von dem überschwemmten Platze übernehmen.

Sind auch die Nachbarplätze zufälligerweise sehr stark belastet, so kann die Aufsichtsbeamtin, die hinter den Abfragebeamtinnen hin und her geht, die Nummer der anrufenden Leitungen mündlich an entferntere Plätze übertragen und die Beantwortung daselbst veranlassen.

In anderen Worten, im Handbetriebssystem ist es möglich, bei einem Ansturm auf einen Platz diesem Platz Verbindungseinrichtungen zu leihen.

Bei einem Ansturm gleichzeitig auf alle Plätze, z. B. bei Ereignissen, die das Publikum allgemein aufregen, kann dieses Leihen allerdings nicht eintreten, es ergibt sich zwangsweise die Verlängerung der Wartezeit.

Dieses Aushelfen der Beamtinnen genügt aber den immer höher gehenden Anforderungen noch nicht. Man greift zu besonderen Einrichtungen für lokale augenblickliche Überschwemmungen.

Man legt erfahrungsmäßig sehr oft rufende Leitungen an mehrere Anrufzeichen, die an verschiedenen Plätzen untergebracht sind. Die Farben der Zeichen sind verschieden, die ersten Zeichen weiß, die zweiten grün usw. Die grünen Lampen sind an wenig beschäftigten oder gar an neu zu besetzenden Plätzen untergebracht. Im normalen Betrieb können die Anrufe am „weißen" Platz erledigt werden. Beginnt die Hochflut zu steigen, so werden die Beamtinnen durch die Aufsicht angewiesen, die grünen Anrufe zu beantworten, wodurch die weißen Plätze entlastet werden.

Ein anderes Mittel, plötzliche Hochfluten zu bewältigen, bietet das sogenannte Kopenhagener System. An jedem Platz befinden sich einige Klinken, die mit Wählern verbunden sind. Die Wählerkontakte führen zu Abfrageklinken an anderen Arbeitsplätzen. Kann nun eine Beamtin einen Ansturm nicht bewältigen, so verbindet sie mehrere der Anrufe mit den Wählern, die daraufhin sich selbsttätig eine gerade unbeschäftigte Beamtin suchen.

Auch die beiden letzteren Anordnungen beruhen auf einem Leihsystem.

Einen anderen Weg geht man in den Verteilersystemen. Die den Anruf aufnehmende Beamtin fragt nicht ab, sondern gibt den Ruf weiter an eine zweite Beamtin, die augenblicklich nicht beschäftigt ist und auf deren Platz noch freie Schnurpaare vorhanden sind. Die erste, oder Verteilerbeamtin, erkennt diese Zustände an Signalen an ihrem Platze. Die Schwankungen werden also dadurch ausgeglichen, daß der Verkehr über das ganze Amt gleichmäßig verteilt wird. In der ersten Verbindungsstufe, d. h. an den Verteilerplätzen kann allerdings ein heftiger Ansturm über die Zahl der verfügbaren Verteilerschnüre hinausgehen. Da diese Schnüre aber der Einfachheit der Aufgabe entsprechend verhältnismäßig einfach ausgerüstet sein können, lohnt es sich, die Verteilerplätze reichlich auszurüsten.

Die bekannteste Anlage dieser Art ist das große Amt in Hamburg.

Überblickt man die bisherigen Mittel, den Schwankungen zu begegnen, so erkennt man durchweg ein Eingreifen der menschlichen Intelligenz.

Ein weiterer Schritt in den Anordnungen zum Ausgleich der

Schwankungen ist die Verwendung selbsttätiger Wähler als Verteiler der Anrufe auf augenblicklich freie Beamtinnen. Bei Wählern ist die menschliche Intelligenz ausgeschaltet. Man muß also diese selbsttätigen Verteilersysteme zum Teil wie die anderen selbsttätigen Systeme beurteilen.

Fig. 1. Vorwähler.

Zur Beurteilung eines selbsttätigen Systems bedarf es zuerst einer Kenntnis desselben, soweit die Gruppierungen der Wähler und Verbindungsleitungen in Frage kommen. Zur Aufstellung der allgemeinen Aufgaben genügt es zunächst ein System zu betrachten, und es sei dazu das bekannteste, das Strowgersystem mit Vorwählern angenommen, und zwar ein solches mit $10\,^0/_0$ Verbindungsmöglichkeit. Jede Teilnehmerleitung endet an einem Vorwähler. Das ist ein Apparat mit 10 festen Kontaktsätzen mit je 3 Kontakten und 3 beweglichen Kontaktarmen. An zweien dieser Arme *a*, *b* endet die Teilnehmerleitung. Der dritte Arm dient lokalen Zwecken, die hier nicht interessieren. Fig. 1 stellt einen solchen Vorwähler dar. Die 10 festen Kontakte sind mit 10 sogenannten ersten Gruppenwählern verbunden.

Ein Gruppenwähler ist eine Maschine mit einer Welle, die gehoben und gedreht werden kann. Die Welle trägt drei Kontaktarme, *a*, *b* für die Sprechleitungen und den *c*-Arm für lokale Zwecke. Einem Gruppenwähler sind 10 Reihen von je 10 Kontaktsätzen (mit je 3 Kontakten) zugeordnet. Die Kontakte bilden eine offene Zylinderfläche. Wird die Wählerwelle um fünf Schritte gehoben, so werden die drei Kontaktarme vor die fünfte Kontaktreihe gebracht, ohne dieselben zu berühren. Wird daraufhin die Welle gedreht, so werden die Kontaktarme in diese fünfte Reihe hineingedreht und berühren die Kontakte.

Die Fig. 2 zeigt einen ausgeführten Gruppenwähler.

Die Kontakte der ersten Gruppenwähler führen zu zweiten Gruppenwählern, die ebenso konstruiert sind und betrieben werden wie die ersten Gruppenwähler. Die Kontakte der zweiten Gruppenwähler führen zu Leitungswählern.

Das Schema Fig. 3 zeigt in einfachen Linien eine der üblichen Verkabelungen eines Amtes mit 10000 Anschlüssen.

Je 100 Teilnehmerleitungen, z. B. 1400 bis 1499, sind zusammengefaßt. Die Kontakte der entsprechenden Vorwähler *VW* sind in Vielfach verbunden. Jede der 10 Vielfachleitungen führt zu einem ersten Gruppenwähler *I. GW.* Es sind also 100 erste Gruppenwähler für jedes Tausend der Teilnehmerleitungen vorhanden. Die je 100 $\times$ 3 Kontakte der ersten Gruppenwähler eines Tausend sind wieder vielfach geschaltet. Von der ersten Dekade dieses Vielfaches, d. h. von der untersten Reihe des Vielfaches gehen 10 $\times$ 3 Leitungen oder kürzer zehn Verbindungsleitungen mit je einer *a*-, *b*-, *c*-Leitung zu 10 zweiten Gruppenwählern *II. GW,* die im Amte in dem dem ersten Tausend (1000 bis 1999) zugeteilten Raume aufgestellt werden. Von der zweiten Dekade gehen zehn Verbindungsleitungen zu weiteren zehn zweiten Gruppenwählern, die im Amt in dem dem zweiten Tausend (2000 bis 2999) zugeteilten Raume aufgestellt werden. Desgleichen für alle Dekaden aller Vielfachfelder der ersten Gruppenwähler.

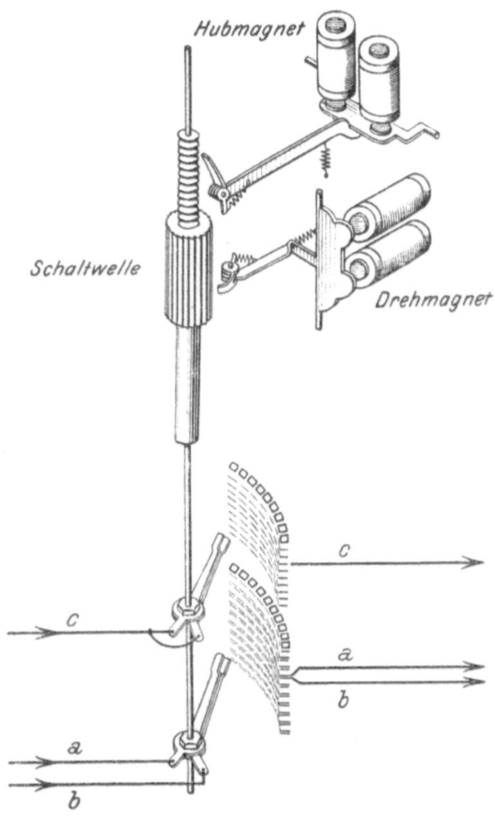

Fig. 2. Gruppenwähler.

Auf diese Weise erhält man in jedem der zehn Tausende eine Gruppe von je einhundert zweiter Gruppenwähler.

Nun sind die Kontaktsätze in jeder Gruppe solcher zweiter Gruppenwähler vielfach geschaltet. Von der ersten Dekade eines solchen Vielfachfeldes gehen zehn Verbindungsleitungen zu zehn Leitungswählern *LW,* die im Amte in dem dem ersten Hundert des betreffenden Tausend zugeteilten Raume aufgestellt werden. Entsprechend der Dekadennummer im Vielfachfelde der zweiten Gruppenwähler finden sich weitere Verbindungsstränge, die in der Fig. 4 leicht zu erkennen sind.

Die Kontaktsätze der je zehn Leitungswähler sind wieder vielfach geschaltet und mit den gleichbezifferten Teilnehmerleitungen verbunden.

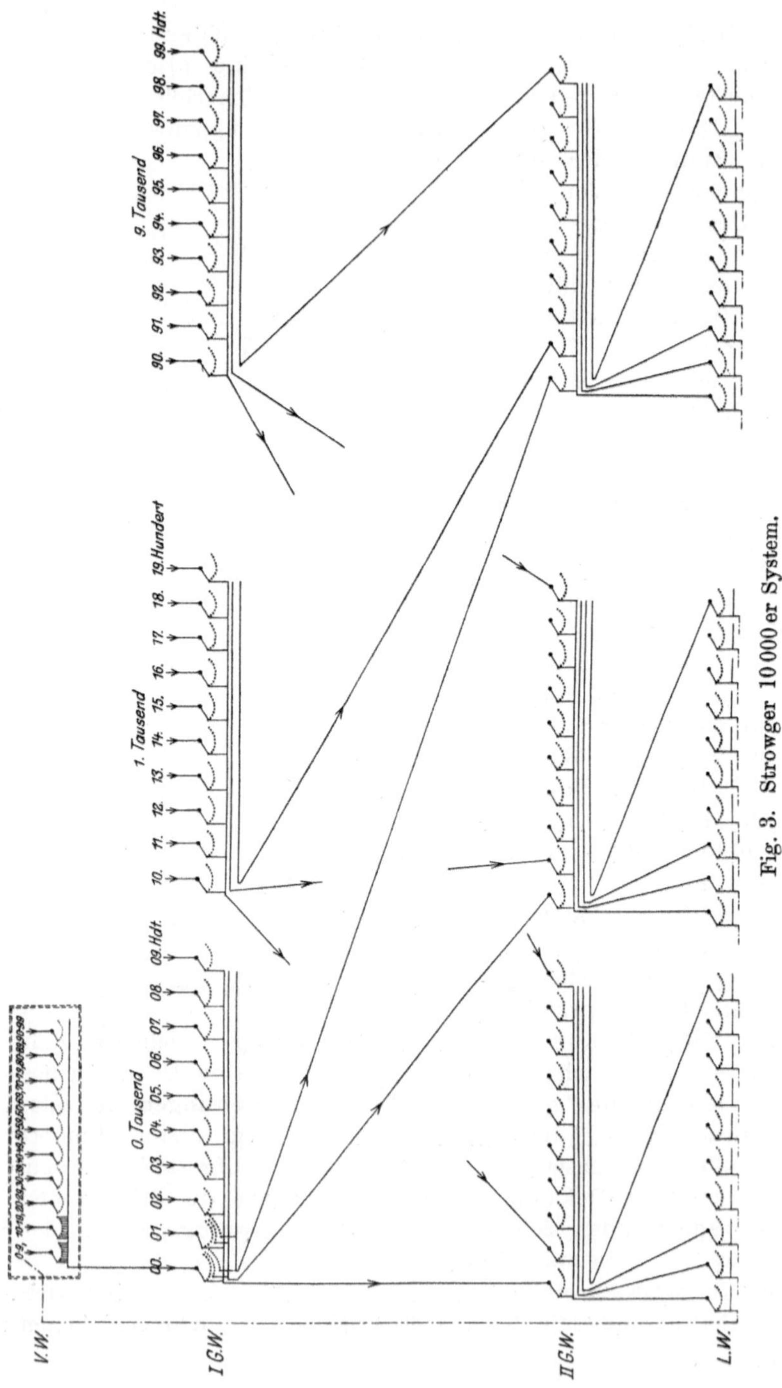

Fig. 3. Strowger 10000er System.

Ein Ruf z. B. von Nr. 1234 nach Nr. 5678 geht folgendermaßen durch das Amt hindurch:

Der Teilnehmer Nr. 1234 hebt den Hörer ab. Daraufhin stellt sich sein Vorwähler *VW* 1234 selbsttätig auf einen freien der 10 ersten Gruppenwähler ein, die zur Gruppe 1200 gehören. Durch Drehen der Nummernscheibe, deren Wirkungsweise als bekannt vorausgesetzt wird, von der Ziffer 5 ab wird der belegte erste

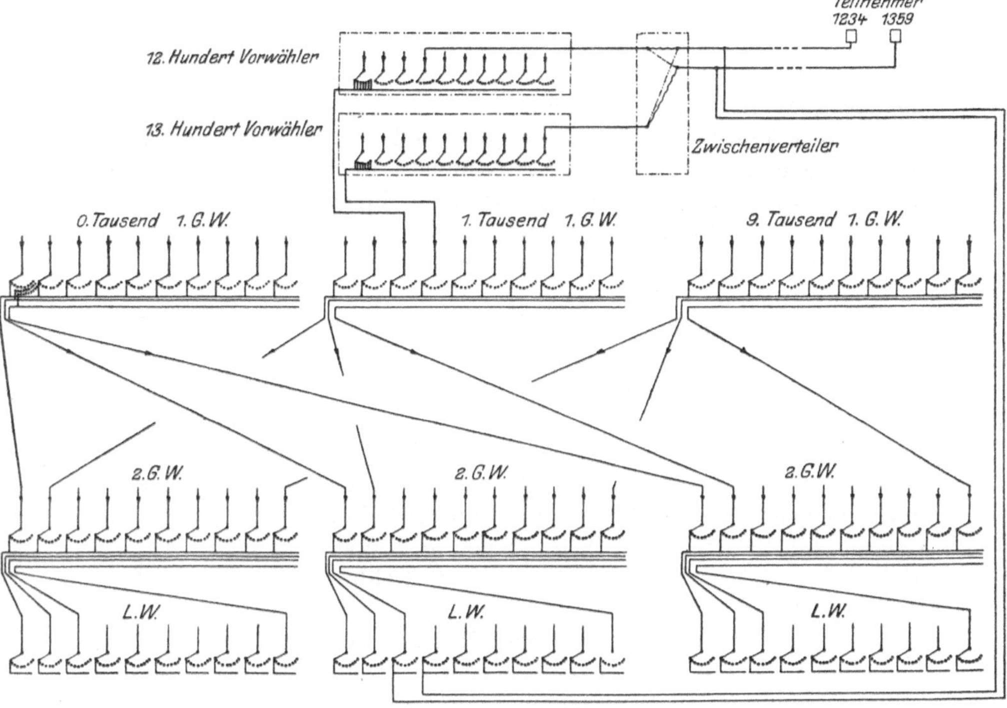

Fig. 4. Zwischenverteiler.

Gruppenwähler veranlaßt, auf die Höhe der fünften Dekade seines Kontaktsatzes zu steigen. Der Gruppenwähler beginnt dann selbsttätig zu drehen und sucht sich eine freie der zehn Verbindungsleitungen zu den zweiten Gruppenwählern im fünften Tausend. Durch eine erneute Drehung der Nummernscheibe von der Ziffer 6 ab wird der zweite Gruppenwähler auf seine sechste Dekade gehoben, in der er sich eine freie der zehn Verbindungsleitungen zu den Leitungswählern der Gruppe 5600 sucht. Durch eine erneute Drehung der Nummernscheibe von der Ziffer 7 ab wird der Leitungswähler auf die siebente Dekade gehoben und durch eine letzte

Drehung der Scheibe von der Ziffer 8 ab wird der Leitungswähler auf die gewünschte Leitung 5678 gedreht. Damit ist die Verbindung hergestellt.

Aus der Fig. 4 erkennt man folgende Gruppierungen der Wähler und Verbindungsleitungen. Je 100 Teilnehmern stehen 10 Ausgänge (erste Gruppenwähler) und 10 Eingänge (Leitungswähler) zur Verfügung.

Je 1000 Leitungen können in dem ausgebauten Amte, wie angenommen, über 10 Leitungen in eine Tausendergruppe hinein rufen.

Wie verhalten sich nun die einzelnen Gruppen in bezug auf die Mengen- und Richtungsschwankungen?

Man erkennt ohne weiteres, daß sich die Wähler und Verbindungsleitungen verschiedener Gruppen gegenseitig nicht aushelfen können. Man ist also gezwungen, in selbsttätigen Ämtern nach Fig. 4 verhältnismäßig reichlich Verbindungseinrichtungen anzuordnen, da keine Anleihen bei den Nachbaren gemacht werden können.

Kann in selbsttätigen Anlagen auch eine Aushilfe durch Verlängerung der Wartezeit eintreten, wenn einmal eine Gruppe überlastet wird?

Bei den bisher üblichen selbsttätigen Systemen ist das nicht möglich. Der Teilnehmer hebt den Hörer ab und dreht die Scheibe, ohne sich darum zu kümmern, was auf dem Amte dabei vor sich geht. Es muß ihm also jederzeit ein Ausgang aus seiner Gruppe zur Verfügung stehen. Sind im Augenblick seines Anrufs alle Ausgänge besetzt, so ergibt sich ein Fehlanruf, was nicht vorkommen soll.

Es gibt Systeme, bei denen Wartezeiten eingeführt werden. Bei diesen Schaltungen befindet sich ein Elektromagnet in der Teilnehmerstation, der Teilnehmer kann zwar die Scheibe andrehen, sie wird aber erst zurücklaufen und Stromstöße abgeben, wenn der Elektromagnet sie entsperrt. Der Magnet aber wird vom Amte aus erregt, nachdem die Durchschaltung zum ersten Gruppenwähler vollzogen ist. Es gibt eine einzige kleine Anlage, in Peterboro, Kanada, die derart arbeitet. Weshalb findet denn das System mit Wartezeiten keine weitere Verbreitung? Abgesehen von den übrigen, von den Wartezeiten unabhängigen Schwerfälligkeiten des kanadischen Systems, ist die Verwendung eines Elektromagneten in der Teilnehmerstation unzweckmäßig. Er muß sehr kräftig konstruiert sein, die Sperrung muß solide sein, denn die Teilnehmer zerren im Glauben, der Apparat arbeite nicht richtig, recht heftig an der Scheibe. Andere Nummernschalter mit Uhrwerken, die durch die

Nummerneinstellung aufgezogen und durch Elektromagnete ausgelöst werden, bedingen an der für Anschaffung und Instandhaltung teuersten Stelle der ganzen Anlage, d. h. bei den unbequem zu überwachenden Teilnehmerstationen sehr teure und komplizierte Apparate. Die magnetisch zu entsperrenden Nummernschalter erweisen sich als technisch denkbar, aber unwirtschaftlich. Selbstverständlich ist es nicht ausgeschlossen, daß in der Zukunft durch Einführung langer Wartezeiten solche Ersparnisse in den Kosten der Amtsanlage gemacht werden, daß die magnetische Entsperrung des Nummernschalters wirtschaftlich wird. Vorläufig strebt die selbsttätige Technik darnach, möglichst einfache Nummernschalter zu bauen. Die Frage der Wartezeiten entfällt für solche Systeme, es dürfen keine Wartezeiten nötig werden.

Welchen Nutzen hat ein Zwischenverteiler, wie er in Fig. 4 angedeutet ist, in einem selbsttätigen Amte? Ist beispielsweise die Gruppe 1200 durch Teilnehmerrufe überlastet, so kann man die lebhaftesten Anschlüsse gegen weniger lebhafte Anschlüsse in anderen Gruppen austauschen, z. B. kann das lebhafte 1234 gegen 1359 ausgetauscht werden. Bei diesem Austausch wird nur die Abzweigung zum Vorwähler hin umgelegt, die Verbindung vom Leitungswählerkontakt her muß beibehalten werden, da diese eine anzurufende Nummer hat, die Vorwählerleitung dagegen nicht numeriert ist. Eine Umlegung des Anschlusses am Leitungswähler ist allerdings möglich, wenn man die Nummer des vielsprechenden Teilnehmers ändert, was aber immer unzuträglich ist.

Für die im Amt ankommenden Rufe spielt also der Zwischenverteiler im selbsttätigen Amte die gleiche Rolle wie in Handbetriebssystemen.

Ein großer Unterschied ergibt sich aber für die vom Amte abgehenden Rufe. Die Verbindungen zwischen den Leitungswählern und den Teilnehmerleitungen können nicht umgelegt werden, es können sich also in selbsttätigen Anlagen die abgehenden Rufe stauen. Eine solche Stauung ist in Handbetriebsanlagen mit einem Amte nicht möglich. Man kann sich vorstellen, daß von einer Gruppe von 100 Leitungen gleichzeitig jede einen Ruf empfängt, weil ja jedes Schnurpaar des ganzen Amtes zur Verbindung mit jeder Teilnehmerleitung gebraucht werden kann.

Das charakteristische Merkmal der Anordnung eines selbsttätigen Amtes nach Fig. 4 ist die Zehnerteilung in allen Verbindungsstufen. Das sind verhältnismäßig kleine Gruppen von Verbindungsleitungen, die naturgemäß auch den Nachteil mit sich bringen, den kleinere Gruppen aufweisen.

Der Verkehr kleinerer Gruppen schwankt relativ viel mehr als der Verkehr großer Gruppen. Es ist leicht denkbar, daß in einem Amte vom 10000 Teilnehmern eine Gruppe von 10 Teilnehmern, die gewöhnlich etwa 15 Rufe in der Hauptstunde ausführen, dann und wann auch 30 Rufe, also 100% mehr ausführen, ohne daß außergewöhnliche Umstände diese Rufvermehrung verschulden. Es ist aber nicht denkbar, daß ohne besondere Umstände die 10000 Teilnehmer, die gewöhnlich 15000 Rufe in der Hauptstunde ausführen, 30000 Rufe in der Hauptstunde verlangen. Beobachtet man ganz kleine Gruppen von z. B. zwei Teilnehmern, so ist es sogar sehr wahrscheinlich, daß ihr Verkehr noch viel stärker als um 100% schwankt.

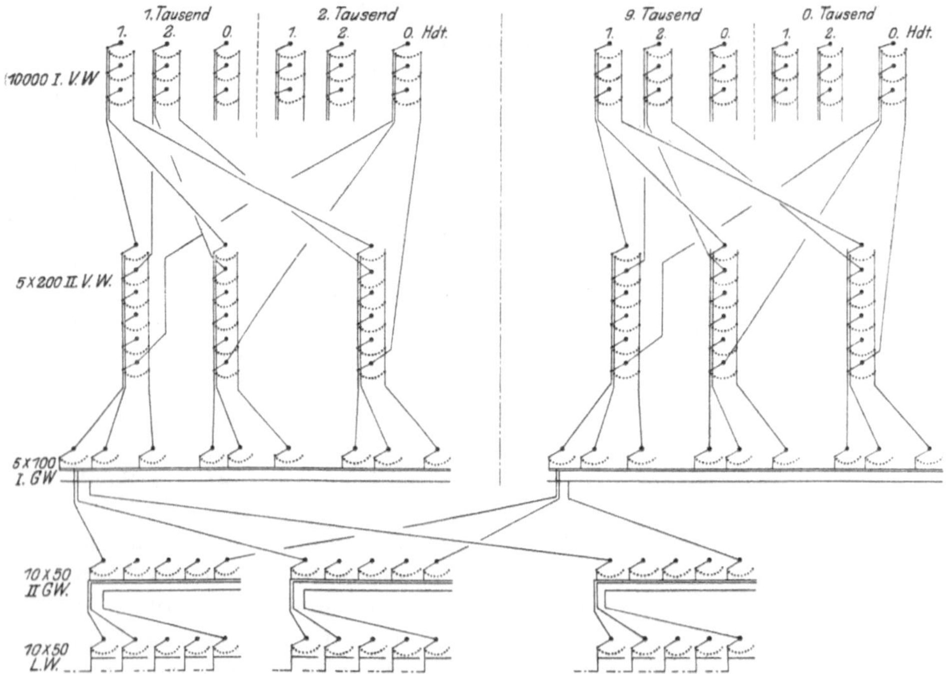

Fig. 5. Doppelte Vorwahl.

Das natürliche Mittel, dem Übelstand kleiner Gruppen, die sich nicht aushelfen können, abzuhelfen, ist die Vergrößerung der Gruppen. Die Fig. 5 stellt das Prinzip der doppelten Vorwahl dar, das in der Praxis schon sehr große Verbreitung gefunden hat, und das eine Verminderung der Zahl der ersten Gruppenwähler um 50% bewirkt.

Die Teilnehmerleitungen *Tl* sind wieder an Vorwähler *I. VW.* geführt, die zehn Kontakte haben. Je 100 Vorwähler sind zu einer Gruppe mit zehn Ausgängen v_1 bis v_{10} zusammengefaßt. Jede solche abgehende Verbindungsleitung führt zu einem zweiten Vorwähler *II. VW.* Für 2000 Teilnehmerleitungen sind daher 200 zweite Vorwähler anzuordnen. Die zweiten Vorwähler sind zu zehn Gruppen *I* bis *X* zusammengeschaltet, und zwar so, daß jede Gruppe von ersten Vorwählern zu jeder Gruppe zweiter Vorwähler je einen Zugang hat.

Jeder Ausgang aus den Gruppen *I* bis *X* der zweiten Vorwähler führt zu einem ersten Gruppenwähler *I. GW.*

Zwischen den Teilnehmerleitungen *Tl* und den ersten Gruppenwählern findet also eine doppelte Verteilung derart statt, daß jede Teilnehmerleitung jeden der 100 ersten Gruppenwähler erreichen kann.

Es sind schon viele Ämter mit dieser Einrichtung gebaut worden, und die Erfahrung hat gezeigt, daß man 2000 Anschlüsse mit 100 ersten Gruppenwählern bedienen kann, wenn man mit einer Anordnung nach Fig. 4 200 erste Gruppenwähler nötig hätte. Der Grund liegt darin, daß die Schwankungen einer Zweitausendergruppe ganz wesentlich geringer sind, als die einer Hundertergruppe.

In der Schaltung nach Fig. 5 ist zunächst an 10teiligen Vorwählern festgehalten worden.

Die Frage ist nun, ob man nicht mit einem anderen Hilfsmittel noch größere Erfolge erzielen kann, nämlich mit der Vermehrung der Kontaktzahl der Wähler von 10 Kontakten auf z. B. 20.

Nehmen wir an, in Fig. 4 seien alle Wähler zwanzigteilig; wie groß kann man dann die Teilnehmergruppen machen? Soviel ist sicher, daß sie mehr als 200 Teilnehmer umfassen können, denn 20 Ausgänge leisten mehr als das Doppelte von 10 Ausgängen.

Auf Erfahrungszahlen kann man sich für die Lösung dieser Frage nicht mehr stützen, denn Anlagen mit 20teiligen Wählern sind noch nicht in Betrieb gekommen, so daß noch keine Beobachtungen vorliegen. Man muß daher die Erfahrungen mit zehnteiligen Wähleranlagen extrapolieren.

Dabei leistet eine Formel, die der Amerikaner W. L. Campbell empirisch aufgestellt hat, außerordentlich wertvolle Dienste.

Die Formel lautet:

$$V = CT + 2{,}8\sqrt[3]{CT} \quad \ldots\ldots\ldots \quad (1)$$

Darin ist

V die Anzahl Verbindungsleitungen, die nötig sind, um
C Anrufe in der Hauptstunde mit
T Stunden Gesprächsdauer zu bewältigen.

Für $C = 250$ Rufe in der Stunde und $T = 2$ Min. $= 0{,}033$ Std. sind also darnach

$$V = 250 \times 0{,}033 + 2{,}8 \sqrt[3]{8{,}3} = 14$$

Verbindungsleitungen nötig.

Nehmen wir an, es soll ein Amt gebaut werden für 10 000 Teilnehmer, die in der Hauptstunde 16 000 Rufe machen; die durchschnittliche Gesprächsdauer sei 2 Minuten $= 0{,}033$ Stunden. Es sollen 20 teilige Vorwähler benutzt werden.

Aus der Formel

$$20 = C \times 0{,}033 + 2{,}8 \sqrt[3]{C \times 0{,}033}$$

erhält man $C = 400$.

Die zwanzig Ausgänge einer Vorwählergruppe bewältigen demnach 400 Rufe in der Hauptstunde, das ist der $\frac{16\,000}{400} = 40$. Teil der Gesamtrufe.

Es ist falsch anzunehmen, daß diese 400 Rufe von $\frac{10\,000}{40} = 250$ Teilnehmern gemacht werden. Der Verkehr von 250 Teilnehmern schwankt viel stärker als der Verkehr von 10 000 Teilnehmern.

Wieviel Teilnehmer darf man nun in eine Gruppe zusammenfassen?

Zur Lösung dieser Aufgabe liegen weder empirische noch theoretische Angaben vor. Ferner drängt sich noch eine weitere Frage auf. Man kann selbstverständlich im obigen Beispiel 250 Teilnehmer in eine Gruppe zusammenfassen und zwanzigteilige Vorwähler verwenden. Der Dienst wird aber dann schlechter werden als der, auf welchen sich die Campbellsche Formel bezieht. Wird dieser Dienst noch genügen? Was ist überhaupt ein Maßstab für die Betriebsgüte?

Campbell hat seine Formel aus Beobachtungen in mehreren großen amerikanischen Ämtern abgeleitet, gelten nun die gleichen Konstanten $2{,}8 \sqrt[3]{\ldots}$ auch für andere Länder? Wird es einem Besteller eines Amtes genügen, wenn man ihm sagt, er könne einen Dienst erwarten, der dem in Grand Rapids Mich. oder Columbus Ohio gleichkomme?

Noch schwieriger wird das Abschätzen der Gruppierungszahlen und noch verantwortungsvoller die Übernahme einer Garantie, wenn man an den Bau von Systemen herantritt, die grundsätzlich von der Gruppierung des Strowgersystems abweichen. Man sucht schon lange einen Ersatz für das Strowgersystem, denn die hundertteiligen Strowgerwähler sind teuer. Man sucht sie durch kleinere z. B. 25 teilige Wähler zu ersetzen. Die nötigen Erfahrungen über die Gruppierungszahlen zu gewinnen, müßte man ein großes Amt bauen und öfters umbauen, oder mit kleineren Ämtern anfangen und in jahrelanger Versuchsarbeit die nötigen Formeln sammeln. Es bewährt sich da wieder der alte Satz, die Erfahrung ist zwar die beste Lehrmeisterin, aber auch die langsamste und teuerste.

Die folgenden Ausführungen versuchen nun, alle aufgeworfenen Fragen zu beantworten. Die Wahrscheinlichkeitsrechnung gibt dazu die theoretischen Hilfsmittel. Es sei bemerkt, daß ein Teil der Aufgaben bereits mit der Wahrscheinlichkeitsrechnung behandelt wurde, was an den geeigneten Stellen benutzt werden wird.

Um einen Maßstab für die Betriebsgüte zu gewinnen, gehen wir zurück auf den ursprünglichsten Zweck des Fernsprechwesens: Ein Teilnehmer wünscht einen anderen zu sprechen. Dazu muß er durch das Amt „hindurchkommen", sei es, daß ihn eine Beamtin verbindet, sei es, daß er selbst sich die Verbindung herstellt. Das Amt wird einen guten Dienst gewähren, wenn unter z. B. 400 Anrufen nur einer wegen Besetztseins aller Verbindungseinrichtungen verunglückt, das Amt arbeitet schlecht, wenn sich dies einmal unter zwanzig Anrufen ereignet.

Als Maßstab für die Betriebsgüte benutzt man die „Wahrscheinlichkeit durchzukommen". Für diese Größe muß eine mathematische Definition gefunden werden. Dies gelingt, wenn folgende drei Aufgaben gelöst sind:

Erste Aufgabe: Wenn eine große Gruppe von S Teilnehmern C Rufe machen, so macht die kleine Gruppe von s Teilnehmern c Rufe mit der Wahrscheinlichkeit w. Wie groß ist w? (Wahrscheinlichkeit der Mengenschwankung.)

Zum Beispiel: Wenn 10 000 Teilnehmer 15 000 Rufe machen, so machen 100 Teilnehmer 50, 100, 150, 200, 300 Rufe mit welcher Wahrscheinlichkeit w?

Zweite Aufgabe: Wenn eine Anlage, in welcher S Teilnehmer C Rufe machen, in Gruppen eingeteilt ist von S_1, S_2, S_3 ... Teilnehmern, mit welcher Wahrscheinlichkeit fließen s_1 Rufe zur Gruppe S_1, s_2 zur Gruppe S_2 usw.? (Wahrscheinlichkeit der Richtungsschwankung.)

Zum Beispiel: Wenn 10 000 Teilnehmer 15 000 Rufe machen, und wenn das Amt in 10 Tausendergruppen eingeteilt ist, mit welcher Wahrscheinlichkeit w fließen 500, 1000, 1500, 2000, 2500 Rufe zu einer einzelnen Tausendergruppe hin?

Dritte Aufgabe: Wenn in einer Anlage S Teilnehmer, die in $S_1 + S_2 + S_3 + \ldots = S$ Gruppen geteilt sind, C Rufe machen und die Anzahl s_1 Rufe zur Gruppe S_1 fließen, wofür v_e Verbindungsleitungen vorgesehen sind, mit welcher Wahrscheinlichkeit w kommt eine Verbindung durch? (Wahrscheinlichkeit durchzukommen.)

Zum Beispiel: 10 000 Anschlüsse sind in 10 Gruppen zu je 1000 Anschlüssen eingeteilt. Zwischen je 2 Tausendergruppen verlaufen 10 Verbindungsleitungen. Mit welcher Wahrscheinlichkeit kommt eine Verbindung durch, wenn 750, 1000, 1250, 1500 Rufe zu der Tausendergruppe hin fließen sollen?

Die Lösungen der ersten und zweiten Aufgabe werden in der vorliegenden Arbeit zum erstenmal versucht. Für die Lösung der dritten Aufgabe sind mir mehrere Arbeiten bekannt geworden, aus denen ich die nötigen Entwicklungen entnehmen kann.

2. Theorie der Mengenschwankungen.

Die erste Aufgabe lautet:

Wenn S Teilnehmer C Rufe machen, mit welcher Wahrscheinlichkeit w machen s Teilnehmer c Rufe?

Eine Wahrscheinlichkeit ist ein echter positiver Bruch, dessen Zähler die Zahl der für das Ereignis günstigen Fälle, dessen Nenner die Zahl der für das Ereignis möglichen Fälle darstellt.

Ein Zahlenbeispiel läßt den folgenden Gedankengang leichter verfolgen. Es sei angenommen

$$S = 10\,000, \quad C = 15\,000; \quad s = 100, \quad c = 150.$$

Auf wie viele Arten können 100 Teilnehmer 150 Rufe machen? Offenbar ist es möglich, daß ein Teilnehmer 150 und der Rest von 99 Teilnehmern keinen Ruf macht. Es ist auch möglich, daß 50 Teilnehmer je einen Ruf, zusammen also 50 Rufe machen, und die übrigen 50 Teilnehmer je 2, zusammen also 100 Rufe machen. Jeder Fall ist günstig, wenn die Gesamtzahl der Rufe der 100 Teilnehmer 150 ist. Es ist also die Aufgabe zu lösen:

Auf wie viele Arten kann man die Zahl 150 in 100 Summanden zerlegen, deren jeder positiv ganzzahlig und gleich oder größer als Null ist?

Die 100 Summanden entsprechen den 100 Teilnehmern, jeder Summand ist die Rufzahl eines Teilnehmers, und die Summe der Rufzahlen soll nach Voraussetzung gleich 150 sein.

Die Lösung dieser Aufgabe der Summandenzerlegung ist bekannt. Die Auswertung des hundertstelligen Polynoms $(a + b +$

$c+d\ldots n)^{150}$ lautet $=\binom{150}{0} a^{150}\, b^0\, c^0\, d^0 \ldots n^0 + \binom{150}{1} a^{149}\, b^1\, c^0$ $d^0 \ldots n^0) + \binom{150}{1} a^{149}\, b^0\, c^1\, d^0 \ldots n^0 + \binom{150}{1} a^{149}\, b^0\, c^0\, d^1 \ldots n^0 +$ usw.

Die Summe der je 100 Exponenten jedes Gliedes auf der rechten Seite muß nach der Theorie des polynomischen Lehrsatzes gleich 150 sein. Man kann also die Zahl 150 ebensooft in 100 Summanden $\geqq 0$ zerlegen, als die Auswertung des 100gliedrigen Polynoms $(a+b+c+\ldots n)^{150}$ Glieder hat, oder allgemeiner, man kann eine Zahl c ebensooft in s Summanden je $\geqq 0$ zerlegen, als die Auswertung eines $s$gliedrigen Polynoms in der $c$ten Potenz Glieder hat. Die Anzahl Z' dieser Glieder ist (z. B. nach Schubert)

$$Z' = \binom{c+s-1}{c} = \binom{c+s-1}{s-1} \quad \ldots\ldots \quad (2)$$

Darnach kann man die Zahl $c = 150$ auf

$$Z' = \binom{150+100-1}{100-1} = \binom{249}{99}$$

Arten in 100 Summanden zerlegen, deren jeder positiv, ganzzahlig und $\geqq 0$ ist.

Der $\lg \binom{249}{99} = 71{,}3847 \cdot Z'$ ist also eine 72stellige Zahl.

Die Zahl der für die erste Aufgabe günstigen Fälle wird durch ein Produkt zweier Faktoren dargestellt. Davon gibt der eine Faktor an, auf wieviele Arten s Teilnehmer c Rufe machen können, der andere Faktor gibt an, auf wie viele Arten der Rest $S-s$ Teilnehmer die restlichen $C-c$ Rufe machen können. Das Produkt beider Faktoren ist die Anzahl der günstigen Fälle. Denn es ist klar, daß sich mit jeder einzelnen Zerlegung von c Rufen in s Summanden jeweils alle verschiedenen Zerlegungen der übrigen $C-c$ Rufe in $S-s$ Summanden kombinieren können.

Entsprechend der Gl. 2 kann die Zahl c in s Summanden je $\geqq 0$ positiv und ganzzahlig auf $\binom{c+s-1}{s-1}$ Arten zerlegt werden.

Desgleichen kann die Zahl $C-c$ in $S-s$ Summanden je $\geqq 0$ auf $\binom{C-c+S-s-1}{S-s-1}$ Arten zerlegt werden.

Das Produkt dieser beiden Ausdrücke ist die Gesamtzahl aller Fälle, daß s Teilnehmer c Rufe machen, während gleichzeitig $S-s$ Teilnehmer $C-c$ Rufe machen. Das ist aber der Zähler Z des Wahrscheinlichkeitsbruches:

$$Z = \binom{c+s-1}{s-1} \binom{C-c+S-s-1}{S-s-1} \quad \ldots\ldots \quad (3)$$

Im Beispiel $S = 10000$, $C = 15000$, $s = 100$, $c = 150$ wird

$$Z = \binom{249}{99}\binom{24749}{9899}.$$

Der $\lg Z = 1935, \ldots$ Z ist also eine 1936stellige Zahl.

Wie viele Fälle sind nun möglich?

Es ist theoretisch denkbar, daß die 100 Teilnehmer keine Rufe von den 15000 Rufen machen, aber auch theoretisch denkbar, daß sie alle 15000 Rufe machen. Die Summe aller der Fälle, daß sie Null oder 1 oder 2 oder 3 oder ... 15000 Rufe machen, ist die Gesamtzahl der theoretischen Möglichkeiten, d. h. ist als Nenner des Wahrscheinlichkeitsbruches anzusehen.

Bezeichnet man die Rufzahl der s Teilnehmer mit x, so machen die s Teilnehmer diese x Rufe entsprechend der Gl. 2 auf $\binom{x+s-1}{s-1}$ Arten, während die $S-s$ Teilnehmer die übrigen $C-x$ Rufe auf $\binom{C-x+S-s-1}{S-s-1}$ Arten machen. Der Nenner erhält daher die Form:

$$N = \sum_{x=0}^{C} \binom{x+s-1}{s-1}\binom{C-x+S-s-1}{S-s-1} = \sum_{x=0}^{C} N_x \qquad (4)$$

worin x alle positiven ganzzahligen Werte von 0 bis C annimmt.

Wenn also S Teilnehmer C Rufe machen, so machen s Teilnehmer c Rufe mit der Wahrscheinlichkeit

$$w_c = \frac{\binom{c+s-1}{s-1}\binom{C-c+S-s-1}{S-s-1}}{\sum_{x=0}^{C}\binom{x+s-1}{s-1}\binom{C-x+S-s-1}{S-s-1}} \quad \ldots \quad (5)$$

worin x alle positiven ganzzahligen Werte von 0 bis C annimmt.

Mit der Gl. 5 ist die erste Aufgabe gelöst. Die Gleichung ist aber zur Auswertung vollständig ungeeignet. Wenn z. B. $C = 15000$ Rufe gemacht werden, so hat der Nenner 15001 Glieder. Man muß also zuerst untersuchen, wie man die Ausrechnung der Gl. 5 anfassen kann.

Setzen wir das allgemeine Nennerglied

$$N_x = \binom{x+s-1}{s-1}\binom{C-x+S-s-1}{S-s-1} \quad \ldots \quad (6)$$

Ersetzt man darin x durch $x+1$, so wird

$$N_{x+1} = \binom{x+s}{s-1}\binom{C-x+S-s-2}{S-s-1}.$$

Wir bilden den Quotienten

$$\frac{N_{x+1}}{N_x}=\frac{\binom{x+s}{s-1}\binom{C-x+S-s-2}{S-s-1}}{\binom{x+s-1}{s-1}\binom{C-x+S-s-1}{S-s-1}}.$$

Die rechte Seite in Fakultäten angeschrieben entsprechend der bekannten Regel

$$\binom{a}{p}=\frac{a!}{p!\,(a-p)!}$$

ergibt

$$\frac{N_{x+1}}{N_x}=\frac{(x+s)!}{(s-1)!\,(x+1)!}\frac{(C-x+S-s-2)!}{(S-s-1)!\,(C-x-1)!}$$

$$\frac{(s-1)!\,(x)!\,(S-s-1)!\,(C-x)!}{(x+s-1)!\,(C-x+S-s-1)!}.$$

Die Faktoren $(s-1)!$ und $(S-s-1)!$ kommen im Zähler und Nenner vor, können also gekürzt werden. Die übrigen Glieder kann man besser ordnen, wie folgt:

$$\frac{N_{x+1}}{N_x}=\frac{(x+s)!}{(x+s-1)!}\cdot\frac{x!}{(x+1)!}\cdot\frac{(C-x+S-s-2)!}{(C-x+S-s-1)!}\cdot\frac{(C-x!)}{(C-x-1)!}.$$

Man sieht, daß die Klammerausdrücke des Zählers jeweils nur um ± 1 von den Klammerausdrücken des Nenners sich unterscheiden. Da nun bekanntlich $\frac{(a+1)!}{a!}=a+1$ ist, ergibt sich

$$\frac{N_{x+1}}{N_x}=\frac{(x+s)(C-x)}{(x+1)(C-x+S-s-1)} \quad \ldots\ldots \quad (7)$$

Solange in der Gl. 7 die rechte Seite >1, ist auch $N_{x+1}>N_x$; wird die rechte Seite $=1$, so wird $N_{x+1}=N_x$, und wenn die rechte Seite <1, so ist $N_{x+1}<N_x$.

Die rechte Seite wird $=1$, wenn

$$(x+s)(C-x)=(x+1)(C-x+S-s-1).$$

Diese Gleichung kann leicht umgeformt werden in

$$x=\frac{Cs-C-S+s+1}{S-2} \quad \ldots\ldots\ldots \quad (8)$$

Dies ist eine Gleichung ersten Grades. Die Nennerkurve $f(N_x)$ hat also nur einen einzigen Punkt, für den $N_{x+1}=N_x$ ist. Dieser Punkt kann ein Maximum, ein Minimum oder ein Wendepunkt sein

Entsprechend der Gl. 7 ist $N_{x+1}>N_x$, solange

$$(x+s)(C-x)>(x+1)(C-x+S-s-1)$$

oder solange

$$x < \frac{Cs - C - S + s + 1}{S - 2}.$$

Da die rechte Seite nur Konstanten enthält, heißt das, daß $N_{x+1} > N_x$, solange x kleiner ist als ein Konstante. Die Nennerkurve $f(N_x)$ steigt also auf der einen Seite stetig an, bis zum Abszissenwert der Gl. 8.

Eine gleiche Überlegung zeigt, daß $N_{x+1} < N_x$, wenn x größer wird als die Konstante auf der rechten Seite in Gl. 8, d. h. auf der anderen Seite des Abszissenwertes aus Gl. 8 fällt die Nennerkurve $f(N_x)$ stetig ab für größer werdende Abszissen. Die Nennerkurve $f(N_x)$ hat also ein einziges Maximum bei der Abszisse der Gl. 8.

Wenn man in der Gl. 8 ohne merklichen Fehler die Summanden $-C-S+s+1$ gegen das Produkt Cs und die Größe 2 gegen S vernachlässigen kann, so geht die Gl. 8 über in

$$x = \frac{Cs}{S} \quad \text{oder} \quad \frac{x}{s} = \frac{C}{S} \quad \ldots\ldots \quad (9)$$

Die Gl. 9 hat eine sehr große Bedeutung. Wie wir später sehen werden, beweist die Gl. 9, daß, wenn 10000 Teilnehmer 15000 Rufe machen, 100 Teilnehmer mit der maximalen Wahrscheinlichkeit 150 Rufe machen werden; die Wahrscheinlichkeit, daß sie mehr oder weniger als 150 Rufe machen, ist also kleiner.

Gehen wir nun zurück zur Gl. 5, bezeichnen wir den Zähler mit Z und die Nennerglieder mit $N_{x=0}$, $N_{x=1}$, $N_{x=2}$ usw., so geht die Gl. 5 über in

$$w = \frac{Z}{\sum_{x=0}^{C}(N_{x=0} + N_{x=1} + \ldots)} \quad \ldots\ldots \quad (10)$$

oder

$$= \frac{1}{\frac{N_{x=0}}{Z} + \frac{N_{x=1}}{Z} + \frac{N_{x=2}}{Z} + \ldots + \frac{N_{x=C}}{Z}} \quad \ldots \quad (10\,a)$$

Die weiteren Überlegungen lassen sich am bequemsten bei der Berechnung einer Aufgabe anstellen.

Vierte Aufgabe: $S = 20000$ Teilnehmer machen $C = 30000$ Rufe. Eine Gruppe von $s = 100$ Teilnehmern machen mit welcher Wahrscheinlichkeit 147,5 Rufe?

Die gewünschte Wahrscheinlichkeit muß berechnet werden aus der Gleichung

$$w_{c=147,5}=\frac{\binom{147,5+100-1}{100-1}\binom{30000-147,5+20000-100-1}{20000-100-1}}{\sum\limits_{x=0}^{30000}\binom{x+100-1}{100-1}\binom{30000-x+20000-100-1}{20000-100-1}}$$

$$=\frac{\binom{246,5}{99}\binom{49751,5}{19899}}{\sum\limits_{x=0}^{30000}\binom{x+99}{99}\binom{49899-x}{19899}}=\frac{Z_{c=147,5}}{\sum\limits_{x=0}^{30000}N_x}.$$

Zunächst gewinnen wir ein Bild, wie die Nennerkurve N_x verläuft. Nach Gl. 8 hat die Nennerkurve ein Maximum bei

$$x=\frac{Cs-S-C+s+1}{S-2}=\frac{30000\cdot100-20000-30000+100+1}{20000-2}$$
$$=147,5$$

Der Wert für $N_{x=147,5}$ müßte nunmehr aus der Gleichung

$$N_{x=147,5}=\binom{147,5+100-1}{100-1}\binom{30000-147,5+20000-100-1}{20000-100-1}$$
$$=\binom{246,5}{99}\binom{49751,5}{19899}$$

ausgerechnet werden. Es ist mir bisher nur eine einzige Logarithmentafel für Fakultäten bis 1200! bekannt geworden (C. F. Degen: Aeneas, Jahr 1824). Man wäre gezwungen, alle größeren Fakultäten zu berechnen. Dazu könnte man sich der Stirlingschen Formel bedienen, wonach

$$\left.\begin{aligned} n! &= n^n\, e^{-n}\sqrt{2\pi n} \quad \text{z. B.}\\ 100! &= 100^{100}\, 2,71828^{-100}\sqrt{200\pi} \end{aligned}\right\} \quad \ldots\ldots \quad (11)$$

Diese Potenzen in der Stirlingschen Formel lassen sich mit gewöhnlichen Logarithmentafeln berechnen. Aber auch das ist unbequem, da man große Fakultäten, wie die obige 49751! mit mindestens zehnstelligen Tafeln berechnen muß. Mit 10 stelligen Logarithmen berechnet wird mit der Stirlingschen Formel

$$1200!=\left(\frac{1200}{2\cdot71828}\right)^{1200}\sqrt{2400\pi}\left(1+\frac{1}{14400}\right)$$

$$\lg 1200! = 3175,80282759\,.$$

Mit 7 stelligen Logarithmen berechnet wird

$$\lg 1200! = 3175,8027106\,.$$

Der genaue Wert von

$$\lg 1200! = 3175,802827689\,.$$

Da in den Berechnungen Brüche $\frac{N_x}{Z}$ nahezu $= 1$ vorkommen, so unterscheiden sich die Logarithmen von N_x und Z erst in der vierten oder fünften Stelle nach dem Komma. Wie man sieht, weicht die Berechnung des lg 1200! mit 7stelligen Logarithmen in diesen Stellen schon recht beträchtlich vom richtigen Werte ab, so daß das Rechnen mit 7stelligen Logarithmen sicherlich zu ganz falschen Ergebnissen führen würde. Das Rechnen mit 10- oder noch mehrstelligen Logarithmen ist unbequem, ganz abgesehen davon, daß die vielstelligen Tafeln dem Praktiker kaum zugänglich sind. Ich wähle daher einen anderen Weg, der durch die Gl. 7 und 10 gangbar gemacht wird.

Wir bemerken, daß $N_{x\,max} = N_{x=147,5} = Z_{c=147,5}$. Der Bruch $\frac{N_{x=147,5}}{Z_{c=147,5}}$ im Nenner der Gl. 10a wird also gleich 1.

Von diesem Einheitspunkte bauen wir die Nennerkurve der Gl. 10 auf mit Hilfe der Gl. 7.

Berechnen wir zunächst eine Hilfskurve nach Gl. 7

$$\frac{N_{x+1}}{N_x} = f(x) = \frac{(x+100)(30000-x)}{(x+1)(49899-x)}$$

für alle Werte von $x = 0$ bis $x = 30000$.

Wir beginnen mit dem Werte $x = 147,5$. Durch Einsetzen des Wertes $x = 147,5$ wird

$$f(147,5) = \frac{247,5 \cdot 29852,5}{148,5 \cdot 49751,5} = 1.$$

Für $x = 150$ wird $f(150) = 0,9934$
„ $x = 155$ „ $f(155) = 0,9807$
„ $x = 200$ „ $f(200) = 0,8951$
„ $x = 145$ „ $f(145) = 1,007$
„ $x = 140$ „ $f(140) = 1,021$
„ $x = 100$ „ $f(100) = 1,189$.

Für die Fig. 6 sind noch weitere Zwischenwerte berechnet worden.

Wir können nun rechnen:

$$\frac{N_{x+1}}{N_x} = f(x); \quad \text{also} \quad N_{x+1} = N_x \cdot f(x)$$

$$\frac{N_{x+2}}{N_{x+1}} = f(x+1); \quad \text{also} \quad N_{x+2} = N_x f(x) f(x+1)$$

$$\frac{N_{x+3}}{N_{x+2}} = f(x+2); \quad \text{also} \quad N_{x+3} = N_x f(x) f(x+1) f(x+2)$$

usw.

Die Fig. 6 zeigt nun, daß der Wert $f(x)$ von $f(x+1)$ nicht viel verschieden ist, und $f(x+2)$ ist nicht viel von $f(x+1)$ verschieden, z. B.

$$f(149) = 0{,}9961$$
$$f(150) = 0{,}9934$$
$$f(151) = 0{,}9908.$$

Darnach wird $\quad f(149) \cdot f(150) \cdot f(151) = 0{,}98035$

und $\quad [f(150)]^3 = 0{,}98030.$

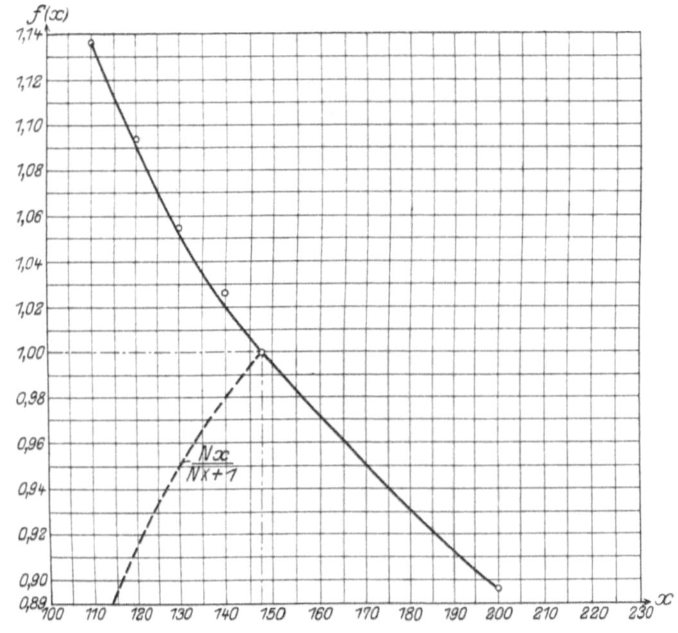

Fig. 6. Hilfskurve.

Man kann also ohne großen Fehler rechnen

$$\frac{N_{x+5}}{N_x} = [f(x+2{,}5)]^5 \quad \text{oder} \quad \frac{\dfrac{N_{x+5}}{Z}}{\dfrac{N_x}{Z}} = [f(x+2{,}5)]^5 \quad . \quad . \quad (12)$$

Wenn wir mit $x = 147{,}5$ beginnen, so ist

$$\frac{N_{x=147,5}}{Z_{c=147,5}} = 1.$$

Es wird also

$$\frac{N_{x=152,5}}{Z_{c=147,5}} = [f(x=150)]^5 = 0{,}9934^5 = 0{,}96740.$$

Ferner wird:

$$\frac{\dfrac{N_{x=157,5}}{Z_{c=147,5}}}{\dfrac{N_{x=152,5}}{Z_{c=147,5}}} = [f(x=155)]^5 = 0,9807^5 = 0,907\,40.$$

Also wird:

$$\frac{N_{x=157,5}}{Z_{c=147,5}} = 0,967\,40 \cdot 0,907\,26 = 0,877\,56.$$

usw.

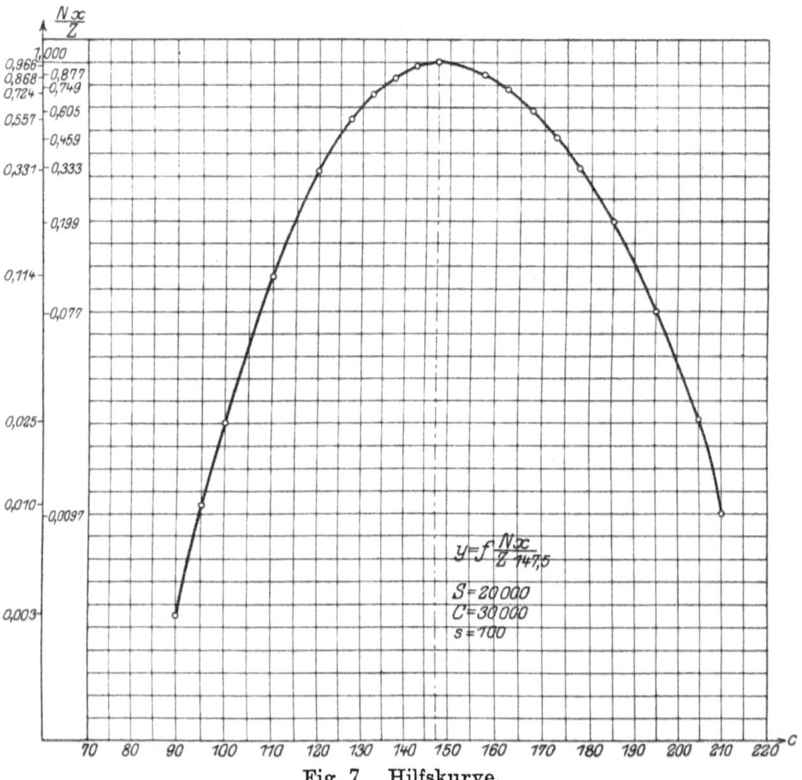

Fig. 7. Hilfskurve.

Die berechneten Werte sind in der Fig. 7 aufgezeichnet. Man muß nun alle Ordinaten für die ganzzahligen Abszissen addieren, um den Nenner der gewünschten Wahrscheinlichkeit $w_{c=147,5}$ zu erhalten.

Es wird

$$w_c = \frac{1}{49,65} = \frac{1}{50}.$$

Die Antwort auf die Aufgabe 4 lautet also: Wenn $S = 20000$ Teilnehmer $C = 30000$ Rufe machen, so machen $s = 100$ Teilnehmer 147,5 Rufe mit der Wahrscheinlichkeit $w = \frac{1}{50}$.

Was bedeutet diese Aussage? Unter 50 Fällen, in denen 20000 Teilnehmer 30000 Rufe machen, machen 100 Teilnehmer 147,5 Rufe. Wenn also diese Rufzahl die Belastung der Hauptstunde darstellt, die täglich einmal vorkommt, so machen die 100 Teilnehmer an jedem 50. Tag in der Hauptstunde 147,5 Rufe.

Dieses Ergebnis erscheint ziemlich unerwartet. Dem Gefühl nach sollten die 100 Teilnehmer viel öfter die 147,5 Rufe machen. Der Grund der kleinen Wahrscheinlichkeit $\frac{1}{50}$ liegt darin, daß verlangt wird, die 100 Teilnehmer sollen gerade genau 147,5 Rufe machen, nicht einen weniger und nicht einen mehr. Wir stellen daher eine neue Aufgabe.

Aufgabe 5: Wenn 20000 Teilnehmer 30000 Rufe machen, mit welcher Wahrscheinlichkeit machen 100 Teilnehmer $147{,}5 \pm 5\,{}^0/_0$, also 140 bis 155 Rufe.

Diese Aufgabe läßt sich mit einem Satze der Wahrscheinlichkeitsrechnung lösen: Die Wahrscheinlichkeit eines Vorganges, der sich aus mehreren Ereignissen zusammensetzt, von denen das eine oder das andere eintreten kann, ist gleich der Summe der Wahrscheinlichkeiten der einzelnen Ereignisse. Daher ist

$$w_{c = 140 \text{ bis } 155} = w_{140} + w_{141} + \ldots + w_{155}.$$

Wir müssen also diese einzelnen Wahrscheinlichkeiten w_{140} bis w_{155} berechnen, da wir bisher erst eine einzige, nämlich $w_{147,5}$, kennen.

Beginnen wir mit w_{140}. Dies kann berechnet werden mit der Formel

$$w_{c=140} = \frac{\binom{140 + 100 - 1}{100 - 1}\binom{30000 - 140 + 20000 - 100 - 1}{20000 - 100 - 1}}{\sum\limits_{x=0}^{30000}\binom{x + 100 - 1}{100 - 1}\binom{30000 - x + 20000 - 100 - 1}{20000 - 100 - 1}}$$

$$= \frac{\binom{239}{99}\binom{49759}{19899}}{\sum\limits_{x=0}^{30000}\binom{x+99}{99}\binom{49899 - x}{19899}}.$$

Ein Vergleich der Formel für $w_{c=140}$ mit der für $w_{c=147,5}$ zeigt, daß der Nenner in beiden Formeln der gleiche ist. Das ist ja auch notwendig, denn der Nenner ist ja nur abhängig von den

Konstanten C, S und s, die sich nicht ändern, wenn man die s Teilnehmer andere Rufzahlen machen läßt. Daraus ergibt sich der Satz, daß für das gleiche C, S und s die Wahrscheinlichkeiten für verschiedene Rufzahlen c sich verhalten wie die Zähler der Wahrscheinlichkeitsbrücke, d. h.

$$\frac{w_{c=140}}{w_{c=147,5}} = \frac{Z_{c=140}}{Z_{c=147,5}} \quad \ldots\ldots\ldots \quad (13)$$

Wie verhalten sich nun die Zähler zueinander? Die Form des Zählers

$$Z_c = \binom{c+s-1}{s-1}\binom{C-c+S-s-1}{S-s-1}$$

ist ja die gleiche wie die Form der Nennerglieder N_x, nur daß in den Nennergliedern x statt c steht. Da die Zeichen $Z_{c=140}$ und $N_{x=140}$ nur verschiedene Bezeichnungen des gleichen Ausdrucks

$$\binom{140+s-1}{s-1}\binom{C-140+S-s-1}{S-s-1}$$

sind, da also $Z_{c=140}$ identisch mit $N_{x=140}$ und $Z_{c=147,5} \equiv N_{x=147,5}$ ist, so ist auch das Verhältnis

$$\frac{Z_{c=140}}{Z_{c=147,5}} = \frac{N_{x=140}}{N_{x=147,5}}$$

oder auch

$$\equiv \frac{\dfrac{N_{x=140}}{Z_{c=147,5}}}{\dfrac{N_{x=147,5}}{Z_{c=147,5}}}.$$

Die Werte des Ausdrucks $\dfrac{N_x}{Z_{c=147,5}}$ sind aber in der Fig. 7 bereits dargestellt. Man kann also mit Hilfe der Fig. 7 und der Gl. 13 mit Leichtigkeit die Wahrscheinlichkeiten $w_{c=140}$ bis $w_{c=155}$ berechnen.

Zum Beispiel:

$$w_{c=140} = ?$$

Aus der Fig. 7 entnimmt man:

$$\frac{N_{x=140}}{Z_{c=147,5}} = 0{,}915$$

$$\frac{N_{x=147,5}}{Z_{c=147,5}} = 1,$$

also

$$\frac{w_{c=140}}{w_{c=147,5}} = \frac{Z_{c=140}}{Z_{c=147,5}} = \frac{0,915}{1} = 0,915,$$

$$w_{c=140} = 0,915 \cdot w_{c=147,5} = \frac{0,915}{50} = \frac{1}{55}.$$

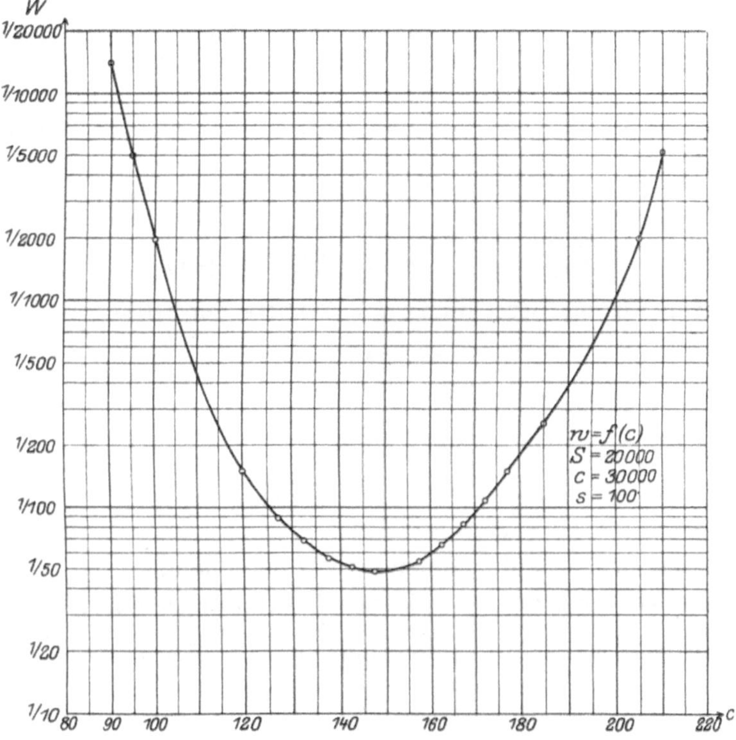

Fig. 8. Wahrscheinlichkeit $w_{c=150}$.

In der gleichen Weise berechnet man die übrigen Wahrscheinlichkeiten $w_{c=141}$, $w_{c=142}$ usw. Die Fig. 8 stellt diese Werte dar; zum Beispiel:

$$w_{c=140} = \frac{1}{55},$$

$$w_{c=147,5} = \frac{1}{50},$$

$$w_{c=155} = \frac{1}{56}.$$

Man kann ohne merklichen Fehler rechnen

$$w_{c=140} + w_{c=141} + \ldots + w_{c=155} = \frac{16}{52,75} = \frac{1}{3,3}.$$

Die Lösung der Aufgabe 5 lautet daher, wenn $S = 20000$ Teilnehmer $C = 30000$ Rufe machen, so machen $s = 100$ Teilnehmer beliebig 140 bis 155 Rufe mit der Wahrscheinlichkeit $\frac{1}{3{,}3}$.

Beobachtet man ein solches Amt, so muß man etwa jeden dritten Tag einmal zwischen 140 und 155 Rufen in einer Hundertergruppe finden.

Anderes Verfahren der Auswertung der Gleichung 5.

Netto leitet in dem Lehrbuch der Kombinatorik Seite 15 folgende Gleichung ab:

$$\sum_{x=0} \binom{n-x}{K} \binom{m+x}{m} = \binom{m+n+1}{K+m+1} \quad . \; . \; . \quad (14)$$

Setzen wir zur Berechnung des Nenners der Gl. 5

$$m = s - 1\,,$$
$$n = C + S - s - 1\,,$$
$$K = S - s - 1\,,$$

so wird der Nenner

$$\sum_{x=0} \binom{x+s-1}{s-1} \binom{C+S-s-1-x}{S-s-1} = \binom{C+S-1}{S-1} \quad (15)$$

Es fällt sehr auf, daß der Nenner von s unabhängig ist.

Die Auswertung der Gl. 5 kann mit der Summenformel (Gl. 15) einfacher werden als die Auswertung mit Hilfe der $f(x) = \frac{N_{x+1}}{N_x}$.

3. Die Mengenschwankung als Funktion der Teilnehmer- und Gesprächszahlen.

a) Allgemeines.

Schon rein logische Überlegungen zeigen, daß die Mengenschwankungen von den Teilnehmer- und Gesprächszahlen abhängen.

Nehmen wir eine Gruppe von $s = 100$ Teilnehmern an, die $c = 150$ Rufe machen in einem Amte mit $S = 200$ Teilnehmern, die $C = 300$ Rufe in der Hauptstunde machen. Es ist sehr unwahrscheinlich, daß einmal die $s = 100$ Teilnehmer alle 300 Rufe des ganzen Amtes machen, also die zweite Hälfte des ganzen Amtes gar keine Rufe mache.

Betrachten wir aber eine Hundertergruppe in einem großen Amte mit $S = 10000$ Teilnehmern, die $C = 15000$ Rufe machen, so kann es sehr wohl möglich sein, daß die 100 Teilnehmer einmal

300 Rufe machen, während die übrigen 9900 Teilnehmer die restlichen 14700 Rufe machen, im Gegensatz zu den durchschnittlichen 14850 Rufen. Daraus leitet man den Satz ab:

Je größer das Verhältnis der Teilnehmerzahl des Amtes zur Teilnehmerzahl der betrachteten Gruppe, desto größer sind die Schwankungen in der betrachteten Gruppe.

In einem kleinen Amte sind also die Abweichungen von der mittleren Rufzahl seltener als in einem großen Amte. Die Wahrscheinlichkeit, daß die betrachtete Gruppe gerade die mittlere Rufzahl macht, ist demnach in einem kleinen Amt größer als in einem großen Amt, in dem ja die Rufmöglichkeit weitaus vielgestaltiger ist als in einem kleinen Amte.

Die Schwankungen hängen auch von der mittleren Gesprächsziffer ab. Wenn z. B. 10 Teilnehmer im Durchschnitt nur 10 Gespräche pro Stunde machen, so kann es sehr leicht vorkommen, daß sie auch einmal 20 Gespräche machen. Man kann z. B. den Fall annehmen, daß einer der 10 Teilnehmer zufälligerweise ein wichtiges Geschäft zu besorgen hat und ausnahmsweise eine ganze Reihe telephonischer Anfragen aussendet. Wenn aber die 10 Anschlüsse durchschnittlich 150 Rufe machen (z. B. 10 Leitungen von 50 Nebenstellen), so wird es wesentlich seltener sein, daß sie ihre Rufzahl einmal auf 300 verdoppeln. Denn selbst wenn der eine oder andere Anschluß einmal wesentlich mehr spricht als gewöhnlich, z. B. 40 mal statt der durchschnittlichen 15 mal, so ändert das die Rufzahl der ganzen Gruppe nur von 150 auf 175 Rufe. Daß alle Anschlüsse miteinander auf einmal sehr viel mehr sprechen als gewöhnlich, ist höchst unwahrscheinlich. Man kann sich auch anders ausdrücken: Um eine hohe Gesprächsziffer für die ganze Gruppe zu erhalten, muß jeder Teilnehmer sich sehr anstrengen. Man kann keine außergewöhnliche gleichzeitige Anstrengung aller Teilnehmer erwarten. Wenn die Teilnehmer sich aber wenig anstrengen, so ist die Rufzahl niedrig und die besondere Anstrengung eines Einzelnen wird sich leicht bemerkbar machen.

Aus diesen Überlegungen leitet man den Satz ab: Je größer die mittlere Gesprächsziffer ist, desto kleiner ist die Mengenschwankung in den einzelnen Gruppen eines Amtes.

Die Gl. 5, auch unter Berücksichtigung der Summenformel 15 für den Nenner, läßt diese Verhältnisse leider nicht ohne weiteres erkennen. Die Formel lautet:

$$w_c = \frac{\binom{c+s-1}{s-1}\binom{C-c+S-s-1}{S-s-1}}{\binom{C+S-1}{S-1}} \quad . \; . \; . \quad (16)$$

Verändert man darin C und c oder S und s, so ändern sich alle Faktoren, ohne daß man den Zuwachs oder das Abnehmen des einen oder anderen Faktors ohne weiteres schätzen könnte.

Es sind deshalb zwei Reihen von Beispielen durchgerechnet worden. Für die Tab. 1 ist das Verhältnis der Teilnehmerzahlen veränderlich angenommen. Die betrachtete Gruppe ist eine Hundertergruppe ($s = 100$), die mittlere Gesprächsziffer ist konstant $= 1,5$, das Amt wächst von $S = 150$ bis $S = 20\,000$. Das Verhältnis von $\frac{S}{s}$ wächst also von 1,5 bis 200.

Tabelle 1.

Mengenschwankung als Funktion des Gruppenverhältnisses $\frac{S}{s}$.

Betrachtete Gruppe $s = 100$ Teilnehmer, mittlere Gesprächsziffer gleich 1,5.

s Teilnehmer machen Rufe c	Rufzahl in % der mittl. Rufzahl	$S = 20\,000$ $C = 30\,000$	10 000 15 000	2000 3000	500 750	200 300	150 225
		$\frac{S}{s} = 200$	100	20	5	2	1,5
100	66,6%	$\frac{1}{1950}$	$\frac{1}{3100}$	$\frac{1}{3300}$	$\frac{1}{4450}$	$\frac{1}{32\,000}$	$\frac{1}{268\,000}$
110	73,5%	$\frac{1}{440}$	$\frac{1}{585}$	$\frac{1}{620}$	$\frac{1}{735}$	$\frac{1}{2580}$	$\frac{1}{10\,800}$
120	80%	$\frac{1}{150}$	$\frac{1}{152}$	$\frac{1}{145}$	$\frac{1}{195}$	$\frac{1}{420}$	$\frac{1}{880}$
130	86,6%	$\frac{1}{76}$	$\frac{1}{78}$	$\frac{1}{76}$	$\frac{1}{81}$	$\frac{1}{99,4}$	$\frac{1}{138}$
140	93,3%	$\frac{1}{53}$	$\frac{1}{52}$	$\frac{1}{50}$	$\frac{1}{49,5}$	$\frac{1}{44,8}$	$\frac{1}{42,8}$
150	100%	$\frac{1}{51}$	$\frac{1}{49}$	$\frac{1}{46}$	$\frac{1}{43,5}$	$\frac{1}{34,4}$	$\frac{1}{28,5}$
160	106,7%	$\frac{1}{62}$	$\frac{1}{61}$	$\frac{1}{68}$	$\frac{1}{53,1}$	$\frac{1}{44,8}$	$\frac{1}{40}$
170	113.3%	$\frac{1}{104}$	$\frac{1}{93,5}$	$\frac{1}{93}$	$\frac{1}{88}$	$\frac{1}{99,4}$	$\frac{1}{140}$
180	120%	$\frac{1}{175}$	$\frac{1}{170}$	$\frac{1}{174}$	$\frac{1}{195}$	$\frac{1}{420}$	$\frac{1}{1430}$
190	127%	$\frac{1}{420}$	$\frac{1}{420}$	$\frac{1}{450}$	$\frac{1}{565}$	$\frac{1}{2580}$	$\frac{1}{56\,000}$
200	133,3%	$\frac{1}{1250}$	$\frac{1}{1300}$	$\frac{1}{1450}$	$\frac{1}{2100}$	$\frac{1}{32\,000}$	$\frac{1}{14\,000\,000}$

Die Werte der Tab. 1 bestätigen die oben gefundenen allgemeinen Regeln. In einem Amte von $S = 20\,000$ Teilnehmern machen die 100 Teilnehmer 110 Rufe mit der Wahrscheinlichkeit $\frac{1}{440}$. Im Amte mit $S = 150$ Teilnehmern aber mit einer Wahrscheinlichkeit von nur $\frac{1}{10\,800}$.

Die Wahrscheinlichkeit, daß die 100 Teilnehmer gerade die mittlere Rufzahl machen, nimmt mit abnehmendem Gruppenverhältnis $\frac{S}{s}$ zu. Die 100 Teilnehmer machen 150 Rufe in einem Amte mit 20 000 Anschlüssen mit der Wahrscheinlichkeit $\frac{1}{51}$ in einem Amte mit 150 Anschlüssen mit der Wahrscheinlichkeit $\frac{1}{28,5}$.

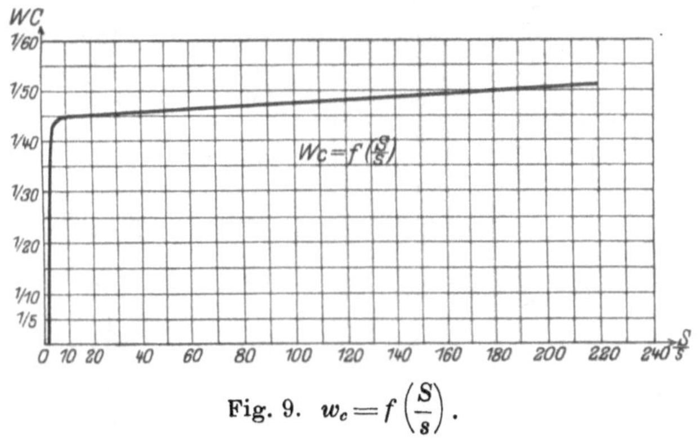

Fig. 9. $w_c = f\left(\frac{S}{s}\right)$.

Trägt man die Werte der Wahrscheinlichkeiten für 150 Rufe in eine Kurve (Fig. 9) ein, so kennt man noch den Wert, in welchem die Kurve gleich 1 sein muß. Wenn nämlich $S = s$ und $C = c$ ist, so muß die Wahrscheinlichkeit gleich 1 sein. Denn wenn es angenommen ist, daß $S = 100$ Teilnehmer $C = 150$ Rufe machen, so müssen mit Sicherheit ($w_c = 1$) die $s = 100$ Teilnehmer die $c = 150$ Rufe machen.

Der Charakter dieser Kurve ist nicht näher untersucht worden. Es kann dem Praktiker gleichgültig sein, mit welcher Wahrscheinlichkeit die betrachtete Gruppe gerade die mittlere Gesprächsziffer erreicht. Technisch wichtig ist die Antwort auf die Frage nach einer Grenze von Rufen, denn darnach richtet sich die Ausrüstung der Gruppe.

Diese Frage der Grenze wird später näher behandelt werden.

Für die Tab. 2 (Seite 32) ist angenommen: eine Gruppe von $s = 100$ Teilnehmern in einem Amte mit $S = 10\,000$ Teilnehmern, deren mittlere Rufzahl sich von $\frac{1}{2}$ bis 10 ändert.

Tabelle 2.

Die Mengenschwankung als Funktion der mittleren Gesprächsziffer Z_m.

Angenommen ist: Amt $S = 10\,000$ Teilnehmer.

Beobachtete Gruppe $s = 100$.

s Teilnehmer machen % d. mittleren Gesprächszahl	$S = 10\,000$ $C = 5\,000$ $Z_m = 0{,}5$	10 000 10 000 1	10 000 15 000 1,5	10 000 30 000 3	10 000 100 000 10
60%	$\frac{1}{394}$	$\frac{1}{1880}$	$\frac{1}{9350}$	—	—
70%	$\frac{1}{96{,}2}$	$\frac{1}{550}$	$\frac{1}{910}$	$\frac{1}{4150}$	$\frac{1}{22\,300}$
80%	$\frac{1}{39{,}5}$	$\frac{1}{95}$	$\frac{1}{150}$	$\frac{1}{320}$	$\frac{1}{1460}$
90%	$\frac{1}{25}$	$\frac{1}{40}$	$\frac{1}{61}$	$\frac{1}{119}$	$\frac{1}{370}$
100%	$\frac{1}{22}$	$\frac{1}{35{,}7}$	$\frac{1}{51}$	$\frac{1}{87{,}4}$	$\frac{1}{263}$
110%	$\frac{1}{27}$	$\frac{1}{50}$	$\frac{1}{74}$	$\frac{1}{136}$	$\frac{1}{447}$
120%	$\frac{1}{46{,}7}$	$\frac{1}{110}$	$\frac{1}{170}$	$\frac{1}{340}$	$\frac{1}{1300}$
130%	$\frac{1}{104}$	$\frac{1}{380}$	$\frac{1}{680}$	$\frac{1}{1450}$	$\frac{1}{11\,100}$

Auch hier bestätigen die Werte den oben gefundenen allgemeinen Satz, daß die Schwankungen bei hohen Gesprächsziffern kleiner sind als bei niederen Gesprächsziffern, z. B. machen die 100 Teilnehmer 120% der durchschnittlichen Rufe bei einer mittleren Gesprächsziffer gleich $\frac{1}{2}$ mit der Wahrscheinlichkeit $\frac{1}{46{,}7}$, also gerade halb so oft als sie die mittlere Gesprächsziffer (100%) erreichen, was mit der Wahrscheinlichkeit $\frac{1}{22}$ geschieht. Andererseits machen sie bei einer Gesprächsziffer gleich 10 die 120% Gespräche nur $^1/_5$ mal so oft als die mittlere Gesprächszahl $\left(W_{c=100\%} = \frac{1}{263};\ w_{c=120\%} = \frac{1}{1300}\right)$.

b) Der Einfluß der Gebührentarife.

Der Gebührentarif übt einen sehr starken Einfluß auf die Gesprächsziffer aus. In ganz Deutschland sprechen die Pauschalteilnehmer durchschnittlich 9 mal im Tage, die Gebührenanschlüsse etwa 2 mal im Tage. Nach den Auseinandersetzungen des vorigen Abschnittes müssen die Schwankungen der wenig sprechenden Anschlüsse wesentlich größer sein, als die Schwankungen der vielsprechenden Anschlüsse.

Nehmen wir eine Gruppe von $s = 80$ Teilnehmern an in einem Amte von $S = 400$ Teilnehmern. Die mittlere Gesprächsziffer des Amtes sei 1,5, so daß $S = 400$ Teilnehmer 600 Rufe machen. Die $s = 80$ Teilnehmer sollen aber wenig sprechen, z. B. nur halb so oft, als der Amtsdurchschnitt ist. Sie machen also nur 60 Gespräche in der Stunde, statt der durchschnittlichen 120 Gespräche.

Zur Berechnung der Schwankungen dieser Gruppe kann man die Gl. 5 nicht verwenden. Denn diese Gl. 5 ergibt, daß die beobachtete Gruppe mit der größten Wahrscheinlichkeit den Amtsdurchschnitt erreicht, d. h. die 80 Teilnehmer würden nach der Tab. 1 mit einer Wahrscheinlichkeit etwa gleich $\frac{1}{40}$ 120 Rufe machen und die ihnen tatsächlich zukommende Rufzahl von 60 Rufen oder von 50 % des Durchschnittes nach Tab. 1 (bei $\frac{S}{s} = 5$) mit einer Wahrscheinlichkeit weit kleiner als $\frac{1}{10\,000}$. Nun ist es aber für die Wenigsprechenden ebenso natürlich, nur 60 Rufe zu machen, als es für die Normalsprecher natürlich ist, 120 Rufe zu machen.

Es gelingt, eine der Gl. 5 ganz ähnliche Gleichung aufzustellen, wenn man den Rufen der Viel- und Wenigsprecher verschiedene Gewichte beilegt und folgendermaßen verfährt:

Für einen Vielsprecher hat der einzelne Ruf ein kleines „Gewicht", für den Wenigsprecher hat der einzelne Ruf ein großes Gewicht. Nun nehmen wir an, das Gewicht sei proportional dem Verhältnis der Gesprächsziffern. Es sei z. B. der Amtsdurchschnitt gleich 1,5 Gespräche. Eine Gruppe Wenigsprecher habe den Durchschnitt von 0,75 Gesprächen, dann ist das „Gewicht" eines Rufes eines Wenigsprechers $g = \frac{1,5}{0,75} = 2$.

Nehmen wir an, in einer Gruppe von Vielsprechern sei der Durchschnitt gleich 3 Gesprächen, dann ist das „Gewicht" eines Rufes eines Vielsprechers $g = \frac{1,5}{3} = \frac{1}{2}$.

Oder allgemein: das Gewicht g eines Rufes ist

$$g = \frac{\text{Amtsdurchschnitt}}{\text{Gruppendurchschnitt}} \quad \ldots \ldots \quad (17)$$

Wir setzen nun an Stelle der Veränderlichen x den Wert gx in die Gl. 5, die alsdann die Form annimmt:

$$w_c = \frac{\binom{c+s-1}{s-1}\binom{C-c+S-s-1}{S-s-1}}{\sum_{x=0}^{C}\binom{gx+s-1}{s-1}\binom{C-gx+S-s-1}{S-s-1}} \quad . \; . \; . \quad (18)$$

Zum Beispiel eine Gruppe von $s=80$ Wenigsprechern, die $c=60$ Rufe machen, habe das Gewicht $g=2$; es sei $S=400$; $C=600$.

Der Nenner hat nach Gl. 8 ein Maximum bei

$$gx = \frac{Cs - C - S + s + 1}{S-2} \cong 120$$

oder der Nenner hat ein Maximum bei $x = \frac{120}{g} = 60$. Das ist der Wert von c im Zähler der Gl. 18, also für $c=60$ wird die Wahrscheinlichkeit w_c aus Gl. 18 ein Maximum.

Wenn umgekehrt die $s=80$ Teilnehmer Vielsprecher sind, die $c=240$ Rufe machen, so ist das Gewicht eines Rufes $g=\frac{1}{2}$ und die Nennerkurve hat ein Maximum bei

$$\tfrac{1}{2}x = 120$$
$$x = 240,$$

also auch wieder, wie zu erwarten, wird die natürliche Gesprächszahl mit der größten Wahrscheinlichkeit erreicht.

Man kann nun die Gl. 18 genau ebenso auswerten wie die Gl. 5. Hat man schon eine Kurve der Nennerglieder $\frac{N_x}{Z_c}$ entsprechend der Fig. 7, so braucht man für Viel- und Wenigsprecher keine neue $\frac{N_x}{Z_c}$-Kurve berechnen. Man schreibt an Stelle der Abszissen für $g=1$ Abszissen mit einem $\frac{1}{g}$ fachen Wert. Die Fig. 10 zeigt die Nennerkurve $\frac{N_x}{Z_c}$ für die Aufgabe

$$S=400, \qquad C=600,$$
$$s=\;\;80, \qquad c=120,$$

also die Nennerkurve für

$$w_{c=120} = \frac{1}{\sum_{x=0}^{600}\frac{N_x}{Z_c}} = \frac{1}{\sum_{x=0}^{600}\frac{\binom{x+79}{79}\binom{919-x}{319}}{\binom{199}{99}\binom{799}{319}}}.$$

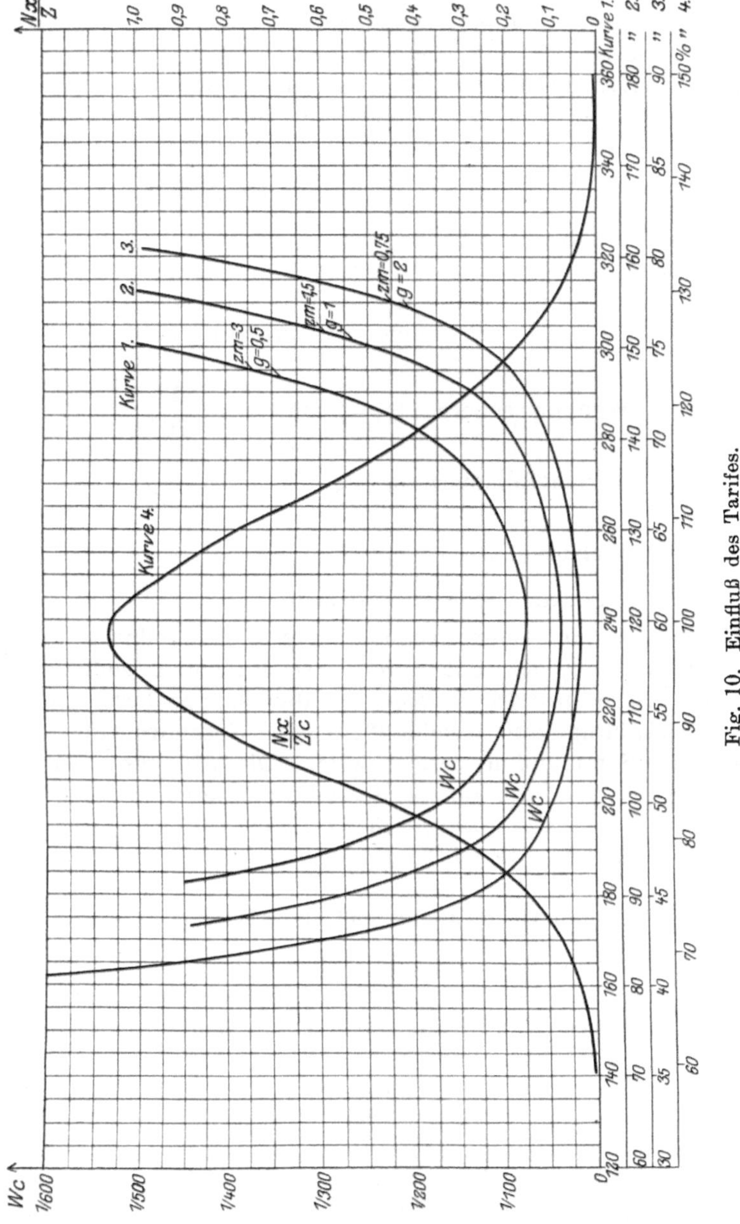

Fig. 10. Einfluß des Tarifes.

Es sind drei Abszissenachsen eingezeichnet. Die mittlere zeigt die Abszissenwerte für $g = 1$, d. h. für Teilnehmergruppen von 80 Anschlüssen mit einer Gesprächsziffer $= 1{,}5$, d. h. mit dem

Amtsdurchschnitt. Die erste Abszissenachse zeigt die Werte für eine vielsprechende Gruppe mit einem Gewicht $g = \frac{1}{2}$, es steht also über der Abszisse 120 die Abszisse 240.

Die unterste Abszissenachse zeigt die Werte für eine wenigsprechende Gruppe von 80 Teilnehmern mit $g = 2$, es steht also unter der Abszisse 120 die Abszisse 60. Daraufhin summiert man die Ordinaten der $\frac{N_x}{Z_c}$-Kurve für die verschiedenen Abszissenachsen und erhält die Werte für $w_{c=120}$, $w_{c=240}$ und $w_{c=60}$, d. h. die Maximalwerte der Wahrscheinlichkeiten. Mit Hilfe der Gl. 13 findet man alsdann die drei w_c-Kurven. Man erkennt z. B.:

120 % der wahrscheinlichsten Rufzahl werden gemacht von den

$$\begin{aligned} &\text{Wenigsprechern} \quad (g=2) \text{ mit } w = \frac{1}{70}, \\ &\text{Normalsprechern} \quad (g=1) \quad ,, \quad w = \frac{1}{125}, \\ &\text{Vielsprechern} \quad (g=\tfrac{1}{2}) \quad ,, \quad w = \frac{1}{270}. \end{aligned}$$

Das sind recht beträchtliche Unterschiede.

Mischt man in einer Gruppe von z. B. 80 Teilnehmern Viel- und Wenigsprecher, so muß man deren Rufzahlen addieren und eine theoretische mittlere Rufzahl für die Gruppe berechnen. Es ist ja gleichgültig, auf welche Weise die Gesamtrufzahl c einer Gruppe in s Summanden zerlegt wird. Die Ableitung der Gl. 5 verlangt ja nur, daß die Summe der s Summanden gleich der Rufzahl c sei. Weicht die theoretische Rufzahl von dem Amtsdurchschnitt ab, muß man die Gl. 18 benutzen.

c) Mengenschwankungen und Ausgleichsrechnung.

In der Theorie der Mengenschwankungen handelt es sich darum, Werte aufzufinden, die sich gesetzmäßig über und unter einem Mittelwert gruppieren, und zwar kommen die Werte um so seltener vor, je größer die Abweichungen vom Mittelwert sind.

Betrachtet man die Abweichungen als „Fehler", so kann man auch sagen, es handele sich in der Theorie der Mengenschwankungen um die Aufstellung eines „Fehlergesetzes", d. h. eines Gesetzes, das den Zusammenhang zwischen der Größe eines Fehlers und der Häufigkeit seines Vorkommens darstellt. Die Gl. 5 ist zweifellos ein solches Gesetz, denn sie besagt, daß ein Fehler von der Größe $Z_m - c$ mit der Häufigkeit w_c vorkomme, worin Z_m die mittlere Gesprächsziffer sei.

Nun beschäftigt sich die Ausgleichsrechnung mit derartigen Aufgaben. Die Ausgleichsrechnung bezieht sich allerdings auf Messungsergebnisse, z. B. Winkel- und Längenmessungen. Man muß jedoch untersuchen, ob sich die Regeln der Ausgleichsrechnung auf die Fernsprechschwankungen anwenden lassen. Denn wenn die bekannten Regeln die Aufgaben der Fernsprechschwankungen schon lösen, so braucht man keine neuen Formeln zu suchen.

Insbesondere muß untersucht werden, ob die Methode der kleinsten Quadrate Anwendung finden kann, da dies der best ausgebaute Zweig der Ausgleichsrechnung ist.

Die Methode der kleinsten Quadrate baut sich folgendermaßen auf.

Es bezeichne λ einen Fehler, um den eine Messung vom wahrscheinlichsten Wert abweiche. Als solchen wahrscheinlichsten Wert nimmt man das arithmetische Mittel der Beobachtungswerte an (erste Annahme). Die Aufgabe der Ausgleichsrechnung ist zunächst die, eine Gleichung $f(\lambda)$ zu finden, die die Häufigkeit des Vorkommens des Fehlers λ darstellt.

Dazu werden noch weitere Annahmen gemacht:

2. Gleichgroße positive und negative Fehler kommen gleich oft vor, oder in anderen Worten, die Fehler liegen symmetrisch zum arithmetischen Mittel.

3. Je größer der Fehler, desto kleiner die Häufigkeit.

Unter diesen Voraussetzungen hat Gauß ein Fehlergesetz abgeleitet, das die Form hat

$$f(\lambda) = \frac{h}{\sqrt{\pi}} e^{-h^2\lambda^2} \quad . \; . \; . \; . \; . \; . \; . \; . \; . \; . \quad (19)$$

Der Parameter h hängt von der Verteilung der Fehler über und unter dem arithmetischen Mittel ab. Bezeichnet man das arithmetische Mittel mit a, und haben die verschiedenen Messungen die Werte b_1, b_2, b_3 usw. ergeben, bezeichnet man ferner die Fehler

$$a - b_1 = \lambda_1$$
$$a - b_2 = \lambda_2$$
$$a - b_n = \lambda_n,$$

so soll man einen „mittleren" Fehler aufsuchen mit der Gleichung

$$\mu = \sqrt{\frac{\Sigma \lambda^2}{n}} \quad . \; . \; . \; . \; . \; . \; . \; . \; . \; . \quad (20)$$

d. h. der mittlere Fehler ist gleich der Quadratwurzel aus der Summe der Fehlerquadrate, geteilt durch die Anzahl der Fehler.

Die Ausgleichsrechnung lehrt nun weiter, daß im Gaußschen Fehlergesetz sei:

$$h = \frac{1}{\mu\sqrt{2}} \quad \ldots\ldots\ldots \quad (21)$$

Wir wollen nun prüfen, ob diese Regeln der Ausgleichsrechnung sich auf die Fernsprechschwankungen anwenden lassen.

Erste Annahme: wir finden den Satz:

In der Mengenschwankung ist der Wert, von dem die positiven und negativen Abweichungen zu rechnen sind, nicht gleich dem arithmetischen Mittel.

Der Wert, von dem die Abweichungen zu rechnen sind, bestimmt sich aus der Gl. 8 zu

$$x = \frac{Cs - C - S + s + 1}{S - 2}.$$

Da nun $\frac{C}{S}$ das arithmetische Mittel der Rufe ist (d. h. die mittlere Gesprächsziffer), so unterscheidet sich der Fehlernullpunkt um so mehr vom arithmetischen Mittel, je weniger man $-C - S + s + 1$ gegen Cs und je weniger man 2 gegen S vernachlässigen kann.

Sind C und s klein, z. B. $C = 3000$, $s = 10$ und ist S groß (z. B. $S = 10000$), so ist das arithmetische Mittel für die $s = 10$ bei $c = 3$ Rufen zu finden, der Fehlernullpunkt liegt nahezu bei

$$x = 2.$$

Der Fehlernullpunkt ist also nur 66% des arithmetischen Mittels.

Also die erste Bedingung der Ausgleichsrechnung wird in der Fernsprechschwankung nicht erfüllt.

Zweite Annahme: Liegen die Fehler symmetrisch zum Fehlernullpunkt?

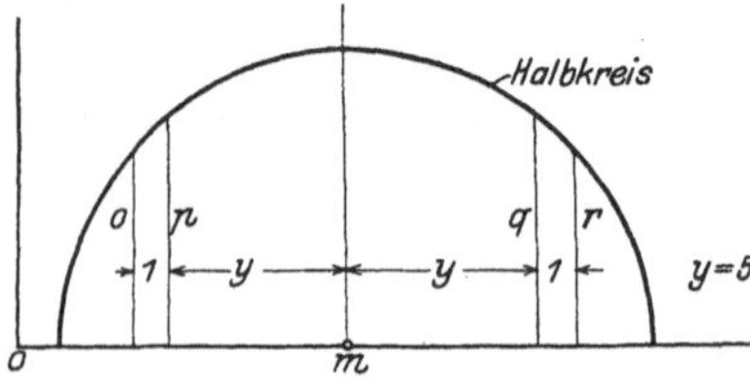

Fig. 11. Hilfskurve.

Angenommen, eine Kurve $f(x)$ habe zwei zu einer Ordinate über der Abszisse m symmetrische Äste. Dann muß

$$f(m + x) = f(m - x).$$

Die Gl. 5 ist nicht einfach genug, um die Symmetrie oder Unsymmetrie leicht erkennen zu lassen. Bei einer symmetrischen Kurve $f(x)$ müssen (s. Fig. 11) sich die Ordinaten $\frac{o}{p}$ aber auch nochverhalten wie die Ordinaten $\frac{r}{q}$, wenn

$$o = f[m - (y+1)]$$
$$p = f(m - y)$$
$$q = f(m + y)$$
$$r = f(m + y + 1).$$

Das Verhältnis $\frac{r}{q}$ kennen wir für die Mengenschwankung. Es ist durch die Gl. 7 bestimmt zu

$$\frac{N_{x+1}}{N_x} = \frac{(x+s)(C-x)}{(x+1)(C-x+S-s-1} = F(x),$$

die z. B. in der Fig. 6 für bestimmte Werte von C, S und s dargestellt ist. Zur Untersuchung der Symmetrie muß man für z. B. den linken Ast der Kurve $\frac{o}{p} = \frac{N_x}{N_{x+1}}$, für den rechten Ast $\frac{r}{q} = \frac{N_{x+1}}{N_x}$ kennen. Führt man die Rechnung für die Werte der Fig. 6 durch, so erhält man, wie es in einer punktierten Linie in Fig. 6 angedeutet ist, folgendes:

Dic Ordinate des Fehlernullpunktes steht über der Abszisse $m = 147,5$. Die Werte $\frac{N_{x+1}}{N_x}$ bzw. $\frac{N_x}{N_{x+1}}$ werden:

links		rechts	
für	$\frac{N_x}{N_{x+1}}$	$\frac{N_{x+1}}{N_x}$	
147,5 — 10	0,9750	0,9776	147,5 + 10
147,5 — 20	0,9425	0,9560	147,5 + 20
147,5 — 30	0,9040	0,9333	147,5 + 30

In Worten: Das Verhältnis zweier aufeinander folgender Ordinaten in der Kurve der Mengenschwankungen ist in gleichen Entfernungen vom Fehlernullpunkt nicht gleich. Im vorliegenden Beispiel ($S = 20\,000$, $C = 30\,000$, $s = 100$) nimmt die rechte Seite langsamer ab als die linke Seite, denn das Verhältnis zweier aufeinander folgender Ordinaten nimmt rechts langsamer als links ab.

Nebenbei bemerkt bedeutet das, daß die $s = 100$ Teilnehmer in dem Amte von $S = 20000$ Teilnehmern öfter 50 Rufe über dem Durchschnitt, als 50 Rufe unter dem Durchschnitt machen.

Allgemein gesagt: Die Abweichungen in der Mengenschwankung liegen nicht symmetrisch zum Fehlernullpunkt.

Dritte Annahme der Ausgleichsrechnung: Je größer der Fehler, desto kleiner die Häufigkeit. Dies trifft auf die Mengenschwankungen zu.

Von den drei grundlegenden Voraussetzungen der Ausgleichsrechnung ist also nur eine einzige in den Fernsprechschwankungen erfüllt. Man kann nicht behaupten, die Regeln der Ausgleichsrechnung ließen sich ohne weiteres übertragen.

Die nächste Frage ist: Wie groß sind die Verschiedenheiten der beiden Theorien?

Zur Beantwortung dieser Frage sind zwei Beispiele durchgerechnet worden, das eine mit einer nahezu symmetrischen Anordnung der Fehler zu beiden Seiten des Fehlernullpunktes, das andere ziemlich stark asymmetrisch.

Wenn $S = 1000$ Teilnehmer $C = 600$ Rufe machen, so machen $s = 400$ Teilnehmer c Rufe mit der Wahrscheinlichkeit w_c.

Diese Aufgabe ist im Anhang 3 behandelt. Man entnimmt z. B. die Werte

Rufe	Wahrscheinlichkeit
205	0,000033
206	0,000050
207	0,000074
208	0,000108
209	0,000156
usw.	usw.

Alsdann stellt man folgende Liste auf:

Rufe	λ Fehler gegen 240	h Häufigkeit der Fehler in 10 000 Fällen	λ^2	$h\lambda^2$
205	— 35	0,33	1225	404
206	— 34	0,50	1136	678
207	— 33	0,75	1089	805
208	— 32	1,08	1024	1108
.	.	.	.	.
.	.	.	.	.
.	.	.	.	.
237	— 3	410	9	3690
238	— 2	422	4	1688
239	— 1	430	1	430
240	0	433	0	0
241	+ 1	430	1	430
242	+ 2	423	4	1692
.	.	.	.	.
.	.	.	.	.
.	.	.	.	.
276	+ 36	1,188	1296	244
277	+ 37	0,12	1369	164
278	+ 38	0,06	1444	87
		$\Sigma h = 9994{,}78 \sim 10\,000$		$\Sigma h\lambda^2 = 849\,918$

Da nun

$$\mu = \sqrt{\frac{\Sigma h \lambda^2}{\Sigma h}},$$

so wird

$$\mu = \sqrt{\frac{849\,918}{10000}} = 9{,}22.$$

In der nachstehenden Tabelle sind noch die Prozentsätze ausgerechnet, nach denen sich die Fehler links und rechts vom Fehlernullpunkt verteilen.

Es liegen z. B. zwischen den Grenzen $\pm\frac{1}{3}\mu$ die folgenden Rufzahlen.

237 Rufe mit der Häufigkeit von	410 in 10000 Fällen
238	422
239	430
240	433
241	430
242	423
243	411
	2959

Es liegen also 29,59 % innerhalb der Fehlergrenzen $\pm\frac{1}{3}\mu$. Innerhalb der Fehlergrenzen $\pm\mu$ liegen 69,73 %.

Zum Vergleich sind in der Fig. 12 die Verteilungswerte durch eine gestrichelte Linie dargestellt, während die Verteilungswerte für Fehler, die dem Gaußschen Gesetz folgen, durch eine volle Linie dargestellt sind. Die Werte für das Gaußsche Gesetz sind aus E. Czuber, Wahrscheinlichkeitsrechnung I S. 273, entnommen.

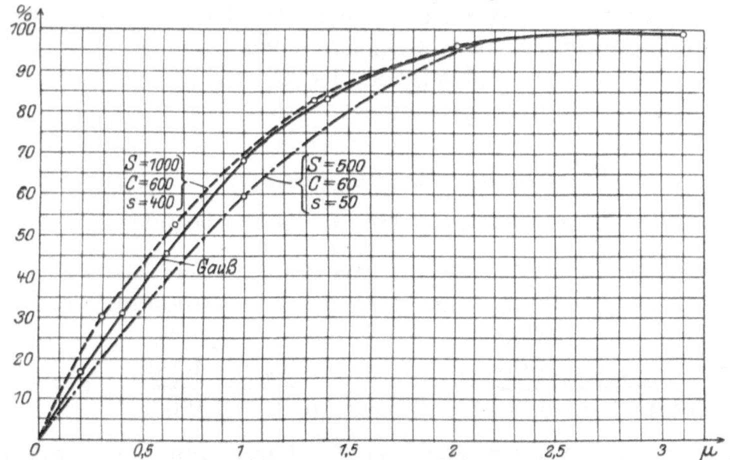

Fig. 12. Vergleich mit Gauß.

Die zweite Aufgabe lautet: Wenn $S = 500$ Teilnehmer $C = 60$ Rufe machen, so machen 50 Teilnehmer c Rufe mit der Wahrscheinlichkeit w_c.

Man erhält folgende Tabelle:

Rufe	Fehler λ gegen 6 Rufe	Häufigkeit h in 10000 Fällen	λ^2	$h\lambda^2$
0	−6	0,4	36	14,4
1	−5	20	25	500
2	−4	177	16	2830
3	−3	699	9	6291
4	−2	1555	4	6220
5	−1	2180	1	2180
6	0	2180	0	0
7	+1	1555	1	1550
8	+2	910	4	3640
9	+3	530	9	4770
10	+4	150	16	2400
11	+5	75	25	1880
12	+6	11	36	396
		$\Sigma = 10037,4$		$\Sigma h\lambda^2 = 32671,4$

Also

$$\mu = \sqrt{\frac{\Sigma h\lambda^2}{\Sigma h}} = \sqrt{\frac{32\,671}{10\,037}} = 1,48\,.$$

In der strichpunktierten Kurve der Fig. 12 ist die Fehlerverteilung links und rechts von dem Fehlernullpunkt dargestellt.

Man ersieht aus der Figur, daß die Unsymmetrie offenbar keinen großen Einfluß hat. Dennoch möchte ich es nicht wagen, allgemein daraus die Zulässigkeit des Gaußschen Fehlergesetzes für Fernsprechschwankungen zu behaupten.

4. Theorie der Richtungsschwankungen.

a) Allgemeine Gleichung für die Richtungsschwankung.

Es sei eine Anlage mit drei Ämtern F, G, H angenommen.

In F seien $s_f = 5000$ Teilnehmer, die $c_f = 10000$ Rufe machen,
„ G „ $s_g = 3000$ „ „ $c_g = 6000$ „ „
„ H „ $s_h = 2000$ „ „ $c_h = 4000$ „ „

Teilnehmer $S = 10000$, Gesamtrufe $C = 20000$.

Heutzutage verfährt man bei der Berechnung des Zwischenamtsverkehrs folgendermaßen.

Der Gesamtverkehr $c_f = 10000$ des Amtes F wird — so nimmt man an — proportional zur Rufzahl von den Ämtern empfangen. Von dem Verkehr c_f des Amtes F werden danach empfangen vom Amte G die Rufzahl

$$c_{fg} = c_f \cdot \frac{c_g}{C} \quad \ldots\ldots\ldots\ldots \quad (22)$$

$$c_{fg} = 10\,000 \cdot \frac{6000}{20\,000} = 3000 \text{ von } F \text{ nach } G.$$

$$c_{fh} = 10\,000 \cdot \frac{4000}{20\,000} = 2000 \text{ von } F \text{ nach } H.$$

$$c_{ff} = 10000 \cdot \frac{10000}{20000} = 5000 \text{ im eigenen Amte.}$$

Vergleicht man diese berechneten Werte mit in der Wirklichkeit beobachteten Werten, so stimmen sie nur selten. Meistens sind die beobachteten Werte des Zwischenamtsverkehrs viel kleiner, und man multipliziert die Proportionalzahlen mit einem Erfahrungsfaktor y, der zwischen 0,4 bis 1,6 schwankt. Man kann y nur bei genauer Kenntnis der örtlichen Verhältnisse einigermaßen richtig treffen. Haben zwei Stadtteile fast keine gemeinschaftlichen Interessen, d. h. ist jeder Stadtteil mit allem Nötigen (Kaufleuten, Banken usw.) versehen, so ist $y = 0,4$ bis 0,6; je mehr aber die Teilnehmer des einen Amtes auf die Teilnehmer des anderen Amtes angewiesen sind, desto größer ist y zu nehmen.

Es gibt noch andere Verfahren, den Erfahrungsfaktor y z. B. als Funktion der Entfernung der Ämter zu bestimmen.

Es hat also den Anschein, als ob umständliche Rechnungen zwecklos seien. Für wirkliche Anlagen dürfte die Mühe, theoretische Formeln anzuwenden, wohl auch verloren sein. Wenn man aber die Amtsverbindungsleitungen in Gruppen unterteilt, so stößt man auf eine sehr wichtige Aufgabe. Teilt man z. B. den Verkehr von $c_{fg} = 3000$ Rufen in drei gleiche Gruppen von je 1000 Rufen, und schaltet die Anlage so, daß die Leitungen der einen Gruppe dem Verkehr der anderen Gruppen nicht geliehen werden können, so muß man für die drei Gruppen von 1000 Rufen zusammen mehr Verbindungsleitungen vorsehen, als für die eine große Gruppe von 1×3000 Rufen, da ja der Verkehr in kleinen Gruppen stets stärker schwankt als in größeren Gruppen. Es sei deshalb eine allgemeine Gleichung für die Schwankungen des Richtungsverkehrs aufgestellt.

Eine Anlage habe drei Ämter F, G, H.

Es bedeute:

c_f Rufe, die im Amte F entstehen,

c_g „ „ „ „ G „

c_h Rufe, die im Amte H entstehen,
s_f Teilnehmer des Amtes F,
s_g „ „ „ G,
s_h „ „ „ H.
c_{fg} die von F nach G fließende Rufzahl,
c_{fh} „ „ F „ H „ „
c_{ff} „ im Amte F bleibende Rufzahl.

Der übrige Zwischenamtsverkehr kann durch analoge Indizes bezeichnet werden.

Es bedeute ferner:

$C = c_f + c_g + c_h$ die Gesamtzahl aller Rufe,
$S = s_f + s_g + s_h$ „ „ „ Teilnehmer.

Es bedeute endlich:

e_f die im Amte F empfangenen Rufe,
e_g „ „ „ G „ „
e_h „ „ „ H „ „

Es muß natürlich die Gesamtzahl aller empfangenen Rufe gleich sein der Gesamtzahl aller entstehenden Rufe, also

$$e_f + e_g + e_h = C \quad \ldots \ldots \ldots \quad (23)$$

Stellen wir nun die

Aufgabe 6. In der Anlage mit den Ämtern F, G, H und den soeben angegebenen Ruf- und Teilnehmerzahlen fließen vom Amte F zum Amte G c_{fg} Rufe mit welcher Wahrscheinlichkeit?

Zur Aufstellung der gewünschten Gleichung müssen wir bedenken, daß die Rufzahl c_{fg} zwei Ämtern, F und G, angehört. Im Amte F ist c_{fg} ein Teil der abgehenden Rufe. Im Amte G ist c_{fg} ein Teil der empfangenen Rufe e_g. Aus diesen Grundlagen können wir die gesuchte Gleichung ableiten.

Der Teil c_{fg} der vom Amte F zu den anderen (G, H) und dem eigenen Amte F abgehenden c_f Rufe wird von den s_g Teilnehmern des Amtes G empfangen auf

$$\binom{c_{fg} + s_g - 1}{s_g - 1} \text{ Arten.}$$

Der Rest $c_f - c_{fg}$ der sonst noch vom Amte F abgehenden Rufe wird von den übrigen $S - s_g$ Teilnehmern der Stadt empfangen auf

$$\binom{c_f - c_{fg} + S - s_g - 1}{S - s_g - 1} \text{ Arten.}$$

Die Anzahl, auf wieviele Arten die c_{fg} Rufe im Amte G, der Rest $c_f - c_{fg}$ von den übrigen $S - s_g$ Teilnehmern der Stadt empfangen werden, ist dargestellt durch das Produkt der beiden genannten Kombinationen.

Nun kann sich mit jeder Art des Empfangenwerdens jede Art des Entstehens der c_{fg} Rufe kombinieren.

Die c_{fg} Rufe können von den sie erzeugenden s_f Teilnehmern des Amtes F auf

$$\binom{c_{fg} + s_f - 1}{s_f - 1} \text{ Arten}$$

gemacht werden. Der Rest von $e_g - c_{fg}$ Rufen, die sonst noch im Amte G empfangen werden, sind von dem Reste $S - s_f$ Teilnehmern in der Stadt gemacht, und zwar auf

$$\binom{e_g - c_{fg} + S - s_f - 1}{S - s_f - 1} \text{ Arten.}$$

Das Produkt dieser beiden letzten Ausdrücke gibt an, auf wie viele Arten die s_{fg} Rufe entstanden sein können, während gleichzeitig der Rest $e_g - c_{fg}$ der im Amte G empfangenen Rufe von den übrigen an dem Entstehen der c_{fg} nicht beteiligten Teilnehmer gemacht ist.

Das Produkt aller vier Kombinationen gibt an, auf wie viele Arten die c_{fg} Rufe erzeugt und empfangen werden können, während der Rest der gleichzeitig mit den c_{fg} erzeugten oder empfangenen Rufe den an der Erzeugung bzw. am Empfang der c_{fg} Rufe nicht beteiligten Teilnehmern zufällt.

Um diese etwas schwierigen Verhältnisse besser übersehen zu können, sei auf das Zahlenbeispiel (Seite 42) zurückgegriffen. Im Amte F werden 10000 Rufe gemacht. Angenommen, es gingen davon 3000 Rufe (c_{fg}) nach dem Amte G, die dort auf soundso viele Arten empfangen werden können. Der Rest $10000 - 3000 = 7000$ Rufe muß notwendigerweise noch von den Teilnehmern der Ämter F und H empfangen werden.

Nun sind die 3000 ($= c_{fg}$) Rufe ein Teil der im Amte G empfangenen 6000 Rufe und müssen auch irgendwie erzeugt worden sein. Sie sind erzeugt worden von den 5000 Teilnehmern des Amtes F auf soundso viele Arten. Im Amte G werden außerdem noch andere Rufe ($6000 - 3000$) empfangen, die von den übrigen Teilnehmern der Stadt gemacht wurden.

Nun nehme man an, das Amt F schicke nur 2150 Rufe nach dem Amte G; dann müssen die übrigen $10000 - 2150 = 7850$ im Amte F erzeugten Rufe von den Teilnehmern der Ämter F und H aufgenommen werden. Und wenn im Amte G mit einem Male nur

2150 Rufe vom Amte F ankommen, so müssen doch notwendigerweise die übrigen in G und H angeschlossenen Teilnehmer den Rest 6000 — 2150 = 2850 Rufe machen, da ja nach Voraussetzung im Amte G 6000 Rufe empfangen werden sollen.

Der Zähler der gesuchten Wahrscheinlichkeit wird also durch das Produkt der vier genannten Kombinationen dargestellt.

Der Nenner ergibt sich ohne weiteres, indem man im Zählerausdruck an Stelle der Rufzahl c_{fg} ein x setzt und eine Summe für alle x von $x = 0$ bis $x = c_f$ bildet.

Die Wahrscheinlichkeit, daß unter den Bedingungen der Aufgabe 6 c_{fg} Rufe vom Amte F nach dem Amte G fließen, ist also

$$w_{fg} = \frac{\binom{c_{fg}+s_g-1}{s_g-1}\binom{c_f-c_{fg}+S-s_g-1}{S-s_g-1}\binom{c_{fg}+s_f-1}{s_f-1}\binom{e_g-c_{fg}+S-s_f-1}{S-s_f-1}}{\sum\limits_{x=0}^{c_f}\binom{x+s_g-1}{s_g-1}\binom{c_f-x+S-s_g-1}{S-s_g-1}\binom{x+s_f-1}{s_f-1}\binom{e_g-x+S-s_f-1}{S-s_f-1}} \quad (24)$$

Entsprechend der Entstehung dieser Gleichung setzt sich der Ausdruck zusammen aus dem Produkte zweier Kurven, deren jede durch eine Gleichung bestimmt ist, die genau wie die Gl. 5 gebaut ist. Wir können also zunächst die eine Kurve

$$\frac{\binom{c_{fg}+s_g-1}{s_g-1}\binom{c_f-c_{fg}+S-s_g-1}{S-s_g-1}}{\sum\limits_{x=0}^{c_f}\binom{x+s_g-1}{s_g-1}\binom{c_f-x+S-s_g-1}{S-s_g-1}} \quad . \; . \; . \quad (25)$$

entsprechend der Gl. 5 untersuchen und dann die Kurve

$$\frac{\binom{c_{fg}+s_f-1}{s_f-1}\binom{e_g-c_{fg}+S-s_f-1}{S-s_f-1}}{\sum\limits_{x=0}^{c_f}\binom{x+s_f-1}{s_f-1}\binom{e_g-x+S-s_f-1}{S-s_f-1}} \quad . \; . \; . \quad (26)$$

folgen lassen. Wir tragen die beiden Kurven über der gleichen x-Achse auf und multiplizieren die beiden Ordinaten bzw. addieren die Logarithmen über der gleichen Abszisse.

Die Kurve der Gl. 25 hat entsprechend der Gl. 8 ein Maximum bei

$$x' = \frac{c_f \cdot s_g - c_f - S + s_g + 1}{S-2} \quad . \; . \; . \; . \; . \quad (27)$$

Vernachlässigt man darin c_f, S, s_g, 1 gegen $c_f \cdot s_g$ und 2 gegen S, so wird

$$x'' = \frac{c_f \cdot s_g}{S} \quad . \; . \; . \; . \; . \; . \; . \; . \; . \; . \quad (28)$$

Die Kurve der Gl. 26 hat ein Maximum bei

$$x''' = \frac{e_g \cdot s_f - e_g - S + s_f + 1}{S - 2} \quad . \quad . \quad . \quad . \quad . \quad (29)$$

oder wenn man e_g, S, s, 1 gegen $e_g \cdot s_f$ und 2 gegen S vernachlässigt, so wird

$$x'''' = e_g \frac{s_f}{S} \quad . \quad . \quad . \quad . \quad . \quad . \quad . \quad . \quad . \quad . \quad (30)$$

Die gesamte Nennerkurve wird ein einziges Maximum haben, wenn die Maxima der Kurven 25 und 26 auf die gleiche Abszisse fallen, wenn also angenähert

$$x'' = x'''' \quad \text{oder} \quad c_f \cdot s_g = e_g \cdot s_f \quad . \quad . \quad . \quad . \quad . \quad (31)$$

Ich will nun nachweisen, daß die heutzutage gebräuchliche Formel 22 weiter nichts ist, als ein spezieller Fall der allgemeinen Gleichung 24.

Aus der Gl. 31 erkennt man, daß die Nennerkurve ein einziges Maximum hat für

$$\frac{c_f}{s_f} = \frac{e_g}{s_g} \quad \text{oder} \quad e_g = s_g \frac{c_f}{s_f} \quad . \quad . \quad . \quad . \quad . \quad (32)$$

Setzen wir den Wert für e_g aus Gl. 32 z. B. in die abgekürzte Gl. 30, so wird

$$x'''' = c_f \frac{s_g}{S} \quad . \quad . \quad . \quad . \quad . \quad . \quad . \quad . \quad . \quad . \quad (33)$$

Nehmen wir ferner an, daß die Teilnehmerzahlen $\frac{s_g}{S}$ sich verhalten wie ihre Rufzahlen $\frac{c_g}{C}$, so wird

$$x'''' = c_f \cdot \frac{c_g}{C} \quad . \quad . \quad . \quad . \quad . \quad . \quad . \quad . \quad . \quad . \quad (34)$$

Dieses x'''' ist also ein angenäherter Wert, für den die Nennerkurve der Gl. 24 ein einziges Maximum hat.

Suchen wir nun die Wahrscheinlichkeit für $c_{fg} = x''''$, so wird der Zähler des Wahrscheinlichkeitsbruches gleich dem Maximum des Nenners. Die Nennerkurve in

$$w_{x''''} = \frac{1}{\frac{N_{x=0}}{Z_{x''''}} + \frac{N_{x=1}}{Z_{x''''}} + \frac{N_{x=2}}{Z_{x''''}} + \ldots}$$

hat also bei $\frac{N_{x=x''''}}{Z_{x''''}}$ den Wert 1; alle anderen Werte sind kleiner, d. h. der gesamte Nenner wird für $c_{fg} = x''''$ ein Minimum oder w_{fg} ein Maximum.

Nun ist aber die Gleichung (34) identisch mit der praktischen Formel 22, d. h. mit anderen Worten: die praktische Formel 22 ergibt einen Wert für den Zwischenamtsverkehr, für den die Wahrscheinlichkeit ein Maximum ist.

Dies Ergebnis entspricht durchaus den Erwartungen und ist ein Beweis für die Richtigkeit der Annahmen, auf denen die Gl. 24 aufgebaut ist.

Bevor wir uns in eine allgemeine Betrachtung der Gl. 24 einlassen, wollen wir an Hand einiger Zahlenbeispiele kennen lernen, welche Werte in Frage kommen.

Als Zahlenbeispiele sind folgende drei Aufgaben durchgerechnet worden:

Aufgabe 7. In einer Anlage mit $S = 10000$ Teilnehmern, die $C = 12000$ Rufe machen, ist die Wahrscheinlichkeit w_{fg} zu finden, mit der $s_f = 1000$ Teilnehmer, die $c_f = 1200$ Rufe machen, in die Gruppe $s_g = 1000$ Teilnehmer, die $e_g = 1200$ Rufe empfangen, c_{fg} Rufe senden.

Die Wahrscheinlichkeit ist zu finden durch Auswertung der Gleichung

$$w_{fg} = \frac{\binom{c_{fg} + 999}{999}\binom{10199 - c_{fg}}{8999}\binom{c_{fg} + 999}{999}\binom{10199 - c_{fg}}{8999}}{\sum_{x=0}^{1200}\binom{x + 999}{999}\binom{10199 - x}{8999}\binom{x + 999}{999}\binom{10199 - x}{8999}}.$$

Die Formel für die maximale Wahrscheinlichkeit liefert nach Gleichung

$$x'''' = e_g \cdot \frac{s_f}{S} = 1200 \frac{1000}{10000} = 120.$$

Die maximale Wahrscheinlichkeit wird also für $c_{fg} = 120$ Rufe eintreten.

Die Gleichung für w_{fg} muß mit Hilfe der Funktion $\frac{N_{x+1}}{N_x}$ ausgewertet werden, da die verfügbaren Tafeln für $\lg n!$ nicht weit genug reichen.

In der Fig. 13 stellt die ganz ausgezogene Linie die Wahrscheinlichkeiten für verschiedene Werte c_{fg} dar. Man erkennt aus den sehr steil ansteigenden beiden Ästen der Kurve, daß die Richtungsschwankungen unter den Bedingungen der Aufgabe nicht sehr stark sind. Tabelle 3 (s. Seite 50 und 51) zeigt die Werte tabellarisch.

Aufgabe 8. Eine andere Aufgabe lautet: In einem Amte mit $S = 1000$ Teilnehmern, die $C = 1200$ Rufe machen, ruft eine

Hundertergruppe ($s = 100$, $c_f = 120$) mit welcher Wahrscheinlichkeit (w_{fg}) in eine andere Hundertergruppe ($s_g = 100$, $e_g = 120$)?

Diese Aufgabe ist am schnellsten mit den lg der Fakultäten zu berechnen aus

$$w_{fg} = \frac{\binom{c_{fg}+99}{99}\binom{1019-c_{fg}}{899}\binom{c_{fg}+99}{99}\binom{1019-c_{fg}}{899}}{\sum\limits_{x=0}^{120}\binom{x+99}{99}\binom{1019-x}{899}\binom{x+99}{99}\binom{1019-x}{899}}.$$

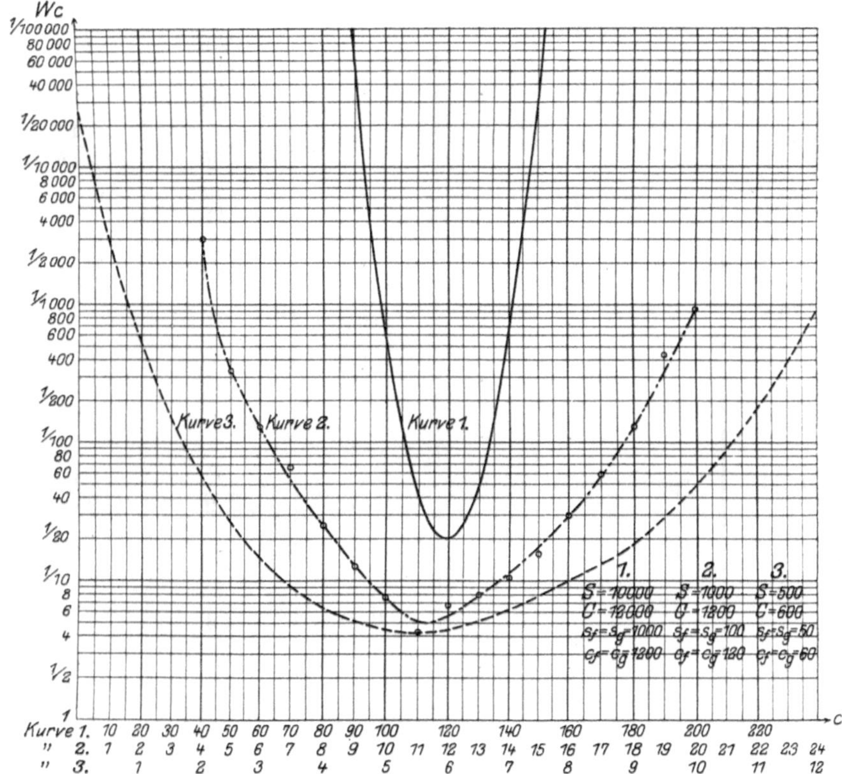

Fig. 13. Richtungsschwankungen.

Die verschiedenen Werte für w_{fg} bei verschiedenem Gruppenverkehr c_{fg} sind in der strichpunktierten Kurve ($S = 1000$, $s_f = 100$, $s_g = 100$) der Fig. 13 eingetragen. Man erkennt sofort, daß die Abweichungen von der Rufzahl ($c_{fg} = 11$) der größten Wahrscheinlichkeit $\left(w_{fg=11} = \frac{1}{4{,}3}\right)$ wesentlich stärker sind, als im Beispiel der Aufgabe 7.

Tabelle 3, Richtungsschwankungen.

%	c_{fg} für I	c_{fg} für II	c_{fg} für III	I $S = 10000$ $s_f = 1000$ $s_g = 1000$	II $S = 1000$ $s_f = 100$ $s_g = 100$	III $S = 500$ $s_f = 50$ $s_g = 50$
0	.	.	0	.	.	$\frac{1}{23200}$
16,6	.	.	1	.	.	$\frac{1}{520}$
33,3	.	4	2	.	$\frac{1}{2900}$	$\frac{1}{57,5}$
41,6	.	5	.	.	$\frac{1}{333}$	.
50	.	6	3	.	$\frac{1}{130}$	$\frac{1}{14,6}$
58,4	.	7	.	.	$\frac{1}{66}$	.
66,6	.	8	4	.	$\frac{1}{25,4}$	$\frac{1}{6,55}$
70,8	85	.	.	$\frac{1}{1035000}$	.	.
75	90	9	.	$\frac{1}{50600}$	$\frac{1}{12,7}$	.
79	95	.	.	$\frac{1}{4280}$	.	.
83,3	100	10	5	$\frac{1}{605}$	$\frac{1}{7,9}$	$\frac{1}{4,58}$
87,5	105	.	.	$\frac{1}{111}$	.	.
91,5	110	11	.	$\frac{1}{40,8}$	$\frac{1}{4,3}$	.
96	115	.	.	$\frac{1}{23,55}$	.	.
100	120	12	6	$\frac{1}{20,74}$	$\frac{1}{6,66}$	$\frac{1}{4,57}$
104,7	125	.	.	$\frac{1}{27,75}$	.	.
108,3	130	13	.	$\frac{1}{54,40}$	$\frac{1}{8,2}$	.
112,5	135	.	.	$\frac{1}{157}$	.	.
116,6	140	14	7	$\frac{1}{652}$	$\frac{1}{10,6}$	$\frac{1}{6,44}$
120,8	145	.	.	$\frac{1}{3750}$	.	.
125	150	15	.	$\frac{1}{32000}$	$\frac{1}{15,5}$	.

%	c_{fg} für I	II	III	I $S=10000$ $s_f=1000$ $s_g=1000$	II $S=1000$ $s_f=100$ $s_g=100$	III $S=500$ $s_f=50$ $s_g=50$
129,2	155	.	.	$\frac{1}{370000}$	.	.
133,3	.	16	8	.	$\frac{1}{29{,}4}$	$\frac{1}{11}$
141,8	.	17	.	.	$\frac{1}{60}$	.
150	.	18	9	.	$\frac{1}{130}$	$\frac{1}{18{,}8}$
158,2	.	19	.	.	$\frac{1}{445}$	.
166,6	.	20	10	.	$\frac{1}{950}$	$\frac{1}{67}$
183,4	.	.	11	.	.	$\frac{1}{134}$
200	.	.	12	.	.	$\frac{1}{910}$

Um ein zahlenmäßiges Urteil zu gewinnen, ob diese starke Zunahme der Richtungsschwankungen bei Abnahme der Gruppengrößen noch weiter gilt, wurde die Aufgabe 9 gelöst. In einem Amte mit $S=500$ Teilnehmern, die $C=600$ Rufe machen, ruft eine Gruppe von $s_f=50$ Teilnehmern, die $c_f=60$ Rufe machen, mit der Wahrscheinlichkeit w_{fg} in eine andere Fünfzigergruppe ($s_g=50$), die insgesamt 60 Rufe ($e_g=60$) empfangen.

Die Wahrscheinlichkeit w_{fg} ist mit lg der Fakultäten zu berechnen aus dem Ansatz

$$w_{fg}=\frac{\binom{c_{fg}+49}{49}\binom{509-c_{fg}}{449}\binom{c_{fg}+49}{49}\binom{509-c_{fg}}{449}}{\sum\limits_{x=0}^{60}\binom{x+49}{49}\binom{509-x}{449}\binom{x+49}{49}\binom{509-x}{449}}.$$

Das Maximum ist bei $x'''=e_g\cdot\frac{s_f}{S}=60\frac{50}{500}=6$ zu erwarten.

Die berechneten Werte sind in der fein gestrichelten Linie ($S=500$, $s_f=50$, $s_g=50$) der Fig. 13 eingetragen. Man sieht, daß die Richtungsschwankungen noch mehr zugenommen haben.

Da die Wahrscheinlichkeiten in der Nähe der Maxima aus der Fig. 13 nicht zu erkennen sind, so sind die berechneten Werte in der Tabelle 3 ziffernmäßig zusammengestellt.

Aus der Tabelle 3 ersieht man z. B., daß durch eine Begrenzung der Rufzahl bei einer Wahrscheinlichkeit $w_{fg} \cong \frac{1}{300}$ für Gruppen von je 1000 Teilnehmern, die sich gegenseitig anrufen, nur etwa 137 Rufe, also etwa 15 % mehr als der Durchschnitt (120) zu rechnen sind. Bei 100 er-Gruppen muß man schon 19 Rufe statt 12, d. h. 58 % Zuschlag rechnen, bei 50 er-Gruppen muß man sogar 12 Rufe statt 6, d. h. 100 % Zuschlag rechnen, wenn man die Wahrscheinlichkeit $\frac{1}{300}$ sicher unterschreiten will.

Man erkennt aus diesen Beispielen, daß die Richtungsschwankungen gegen die Größe der Gruppen wesentlich empfindlicher sind als die reinen Mengenschwankungen. In der Tabelle 1 kommen bei weitem keine so großen Unterschiede in den Schwankungen bei verschiedenen Gruppengrößen vor, als in der Tabelle 3.

b) Unterteilung der Amtsverbindungsleitungen in Gruppen.

Es liege folgende Aufgabe vor. Eine Anlage habe zwei Ämter F und G. In F sind $s_f = 400$ Teilnehmer angeschlossen, die $c_f = 400$ Rufe machen. In G sind $s_g = 600$ Teilnehmer angeschlossen, die $e_g = 600$ Rufe empfangen. Man kann die Anlage als ein dreiziffriges oder vierziffriges System einrichten.

Beim dreiziffrigen System haben die Teilnehmer des Amtes F die Rufnummern 100, 200, 300, die Teilnehmer des Amtes G die Rufnummern 400, 500, 600, 700, 800, 900, 000. Vom Amte F gehen 6 verschieden numerierte Bündel von Amtsverbindungen zum Amte G. Sie gehen ab von den Dekaden Nr. 4 bis 0 der ersten Gruppenwähler des Amtes F und enden in Leitungswählern im Amte G. Die Leitungen der verschiedenen Bündel können sich gegenseitig nicht aushelfen, da man ja über eine Leitung, z. B. zum fünften Hundert, keinen Anschluß zum siebenten Hundert erreichen kann.

Beim vierziffrigen System haben die Teilnehmer des Amtes F die Rufnummern 1000, 1100, 1200, 1300, die Teilnehmer des Amtes G die Rufnummern 2000, 2100, 2200, 2300, 2400, 2500. Die Verbindungsleitungen vom Amte F nach G haben nunmehr alle die gleiche Nummer 2, da man ja über diese Nummer alle im Amte G angeschlossenen Teilnehmer erreichen kann. Die Amtsverbindungsleitungen bilden eine einzige Gruppe und jede Leitung steht jedem Rufe zur Verfügung. Man wird also sicherlich viel weniger Leitungen vorsehen müssen. Andererseits aber muß man eine weitere Wählerstufe, die zweiten Gruppenwähler, einführen, denn für vier Ziffern braucht man im Strowgersystem drei Wählerstufen, erste und zweite Gruppenwähler und Leitungswähler.

Um auszurechnen, was billiger ist, müssen wir uns zunächst darüber klar werden, wie groß der Unterschied in der Anzahl der Verbindungsleitungen im dreiziffrigen und vierziffrigen System ist.

Aufgabe 10. Wir behandeln zunächst das dreiziffrige System. Eine Anlage habe $S = 1000$ Teilnehmer mit $C = 1000$ Rufen. Eine Gruppe von $s_f = 400$ Teilnehmern, die $c_f = 400$ Rufe machen, rufen mit der Wahrscheinlichkeit w_{fg} in eine Gruppe von $s_g = 100$ Teilnehmern, die $e_g = 100$ Rufe empfangen. Wie groß ist die Wahrscheinlichkeit w_{fg} für $c_{fg} = 0$ bis 400 Rufe?

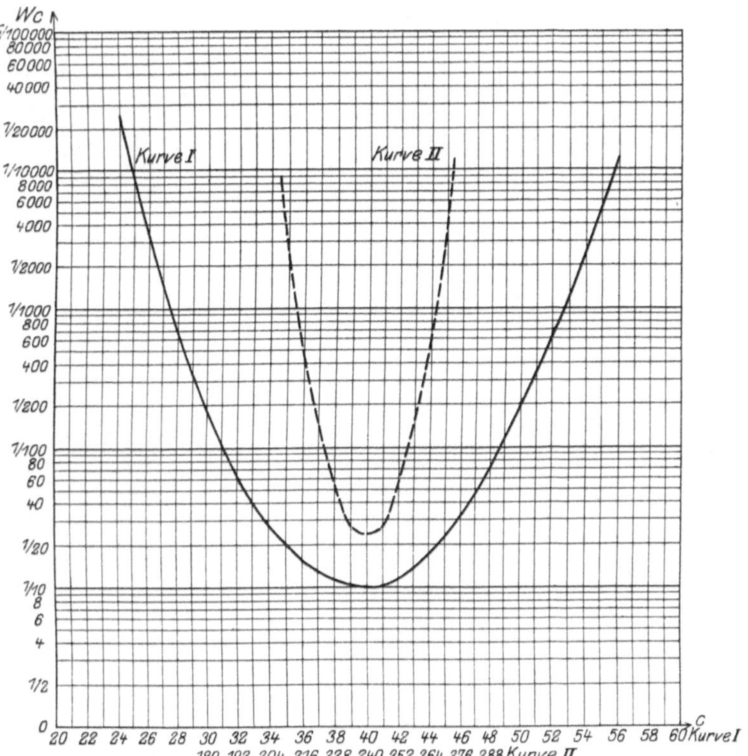

Fig. 14. Amtsverbindungsleitungen.

Entsprechend der allgemeinen Gl. 24 ist die gesuchte Wahrscheinlichkeit zu berechnen aus

$$w_{fg} = \frac{\binom{c_{fg}+99}{99}\binom{1299-c_{fg}}{899}\binom{c_{fg}+399}{399}\binom{699-c_{fg}}{599}}{\sum\limits_{x=0}^{400}\binom{x+99}{99}\binom{1299-x}{899}\binom{x+399}{399}\binom{699-x}{599}}.$$

Die größte Wahrscheinlichkeit ist zu erwarten für

$$x'''' = c_{fg} = c_f \cdot \frac{c_g}{C} = 400 \cdot \frac{100}{1000} = 40 \text{ Rufe.}$$

Die Rechnung wurde mit den lg der Fakultäten durchgeführt und ist als Beispiel im Anhang 2 mitgeteilt.

Die ausgezogene Kurve in Fig. 14 zeigt den Verlauf der Wahrscheinlichkeiten w_{fg}.

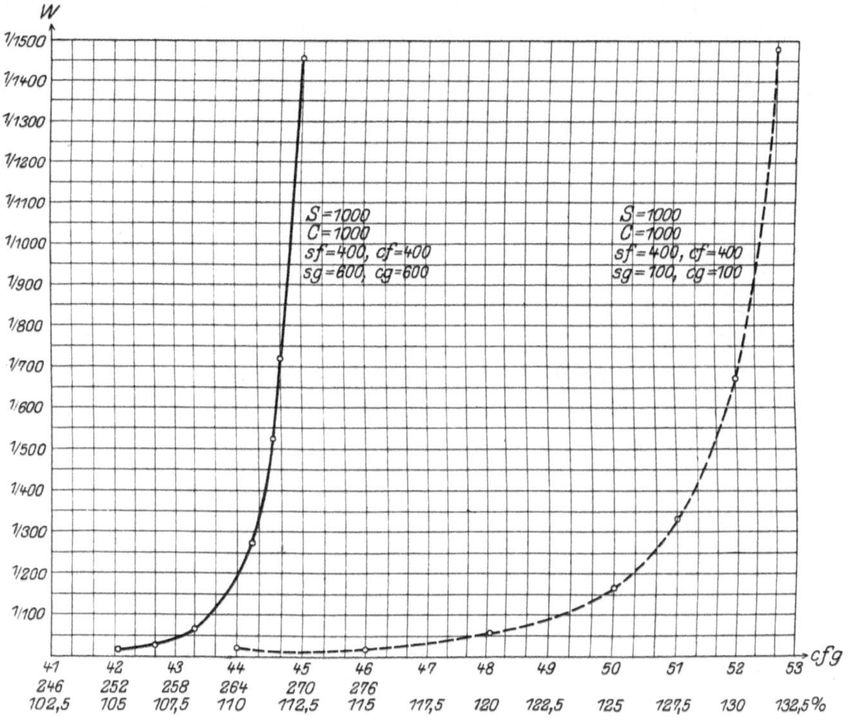

Fig. 15. Überschreitung der Wählerzahl.

Addiert man die Wahrscheinlichkeiten $w_0 + w_1 + \ldots + w_{40}$, so erhält man die Wahrscheinlichkeit, daß die s_f Teilnehmer bis zu 40 Rufe nach dem Amte G schicken und

$1 - \sum\limits_{x=0}^{40} w_x$ ist die Wahrscheinlichkeit, daß sie mehr als 40 Rufe nach G senden.

Berechnet man ferner

$$1 - \sum_{x=0}^{41} w_x \quad \text{und} \quad 1 - \sum_{x=0}^{42} w_x \text{ usw.,}$$

so erhält man die punktierte Kurve der Fig. 15, d. h. eine Kurve, deren Ordinaten angeben, mit welcher Wahrscheinlichkeit die $s_f = 400$ Teilnehmer mehr als c_{fg} (Abszisse) Rufe nach G senden; z. B. sie senden mit der Wahrscheinlichkeit $w = \frac{1}{169}$ mehr als 50 Rufe nach dem Amte G.

Tabellarisch sind einige Werte in der Tabelle 4 aufgenommen.

Tabelle 4.

Wahrscheinlichkeiten für Richtungsschwankungen bei unterteilten Amtsverbindungsleitungen.

% der Rufzahl	Rufe für I	Rufe für II	I $S = 1000$, $s_f = 400$, $s_g = 600$	II $S = 1000$, $s_f = 400$, $s_g = 100$
60	.	22	.	$\frac{1}{266\,000}$
65	.	26	.	$\frac{1}{3660}$
70	.	28	.	$\frac{1}{700}$
75	.	30	.	$\frac{1}{180}$
80	.	32	.	$\frac{1}{61}$
85	204	34	$\sim\frac{1}{44\,000}$	$\frac{1}{27{,}1}$
87,5	210	35	$\frac{1}{4500}$	$\frac{1}{19{,}9}$
90	216	36	$\frac{1}{675}$	$\frac{1}{15{,}5}$
92,5	222	37	$\frac{1}{155}$	$\frac{1}{12{,}9}$
95	228	38	$\frac{1}{54}$	$\frac{1}{11{,}3}$
97,5	234	39	$\frac{1}{28{,}7}$	$\frac{1}{10{,}6}$
100	240	40	$\frac{1}{23{,}1}$	$\frac{1}{10{,}5}$
102,5	246	41	$\frac{1}{28{,}5}$	$\frac{1}{11}$
105	252	42	$\frac{1}{53{,}8}$	$\frac{1}{12{,}2}$
107,5	258	43	$\frac{1}{156}$	$\frac{1}{14{,}3}$

% der Rufzahl	Rufe für I	Rufe für II	I $S=1000$ $s_f=400$ $s_g=600$	II $S=1000$ $s_f=400$ $s_g=100$
110	264	44	$\frac{1}{700}$	$\frac{1}{17{,}8}$
112,5	270	45	$\frac{1}{4880}$	$\frac{1}{23{,}1}$
115	276	46	$\frac{1}{53\,200}$	$\frac{1}{31{,}9}$
120		48	.	$\frac{1}{71}$
125	.	50	.	$\frac{1}{114}$
130	.	52	.	$\frac{1}{648}$
135	.	54	.	$\frac{1}{2660}$
140	.	56	.	$\frac{1}{13\,000}$
150	.	60	.	$\frac{1}{605\,000}$

Aufgabe 11: Wir behandeln nunmehr das vierziffrige System. Eine Anlage habe $S = 1000$ Teilnehmer mit $C = 1000$ Rufen. Eine Gruppe von $s_f = 400$ Teilnehmern, die $c_f = 400$ Rufe machen, rufe mit der Wahrscheinlichkeit w_{fg} in eine andere Gruppe von $s_g = 600$ Teilnehmern, die $e_g = 600$ Rufe empfangen. $w_{fg} = ?$

Entsprechend der allgemeinen Gl. 24 ist w_{fg} zu berechnen aus

$$w_{fg} = \frac{\binom{c_{fg}+599}{599}\binom{799-c_{fg}}{399}\binom{c_{fg}+399}{399}\binom{1199-c_{fg}}{599}}{\sum\limits_{x=0}^{400}\binom{x+599}{599}\binom{799-x}{399}\binom{x+399}{399}\binom{1199-x}{599}}.$$

Die größte Wahrscheinlichkeit ist zu erwarten für

$$c_{fg} = x'''' = c_f \cdot \frac{c_g}{C} = 400\,\frac{600}{1000} = 240 \text{ Rufe.}$$

Die Rechnung wurde mit der Funktion $\frac{N_{x+1}}{N_x}$ durchgeführt und ist im Anhang 3 mitgeteilt. Die gestrichelte Kurve in Fig. 14 zeigt den Verlauf der Wahrscheinlichkeiten w_{fg}.

Die Wahrscheinlichkeiten, daß die $s_f = 400$ Teilnehmer mehr als c_{fg} Rufe nach dem Amte G senden, sind aus der ausgezogenen Kurve der Fig. 15 oder aus der Tabelle 4 zu entnehmen.

Die Fig. 15 oder Tabelle 4 gibt die Unterlagen für einen Kostenvergleich. Es sei gefordert, daß die Anlage höchstens einmal in 60 Tagen versage.

Für das vierziffrige System, in dem nur eine einzige Gruppe von Verbindungsleitungen versagen kann, erhält man für

$$\text{mehr als } c_{fg} = 259 \text{ Rufe bei } w = \frac{1}{58,2} \text{ und}$$

$$\text{mehr als } c_{fg} = 260 \quad \text{,,} \quad \text{,,} \quad w = \frac{1}{77,5}.$$

Man muß dem vierziffrigen System also 260 Rufe zusprechen.

Für das dreiziffrige System, in welchem eine beliebige von sechs Gruppen von Verbindungsleitungen versagen kann, muß man für eine einzelne Gruppe von Verbindungsleitungen die Wahrscheinlichkeit zu etwa $\frac{1}{360}$ annehmen, da ja $6 \times \frac{1}{360}$ gleich der gewünschten Grenze $\frac{1}{60}$ wird. Man erhält

$$\text{mehr als } c_{fg} = 51 \text{ Rufe für } w = \frac{1}{333} \text{ und}$$

$$\text{mehr als } c_{fg} = 52 \quad \text{,,} \quad \text{,,} \quad w = \frac{1}{686}.$$

Man muß also jeder einzelnen der sechs Gruppen 52 Rufe zusprechen.

Es stehen sich also 260 und 6×52 Rufe gegenüber. Zur Berechnung, wieviel Verbindungsleitungen diesen Rufzahlen entsprechen, brauchen wir noch die Entwicklungen des Abschnittes 5 dieser Arbeit. Um aber ein zwar ungenaues, aber vorläufig illustrierendes Beispiel zu erhalten, sei die Zahl der Verbindungsleitungen mit Hilfe der Campbellschen Formel (Gl. 1) bestimmt, unter der Annahme einer Gesprächsdauer von $1^1/_2$ Minuten $\left(T = \frac{1,5}{60} = 0,025 \text{ Stunden}\right)$.

$$\text{Vierziffriges System } V = 260 \times 0,025 + 2,8 \sqrt[3]{6,5} = 11.$$

$$\text{Dreiziffriges System } V = 52 \times 0,025 + 2,8 \sqrt[3]{1,3} \cong 4,3 = 4.$$

Im vierziffrigen System sind also 11 Verbindungsleitungen, im dreiziffrigen System 24 Verbindungsleitungen nötig für die Rufe vom Amte F zum Amte G, wenn die Anlage nur einmal in 60 Tagen versagen soll. Das ist das 2,18fache an Verbindungsleitungen. Man erkennt aus dieser Zahl, daß eine sorgfältige Berechnung der Richtungsschwankungen allerdings von großem Werte sein kann.

5. Gleichzeitigkeitsverkehr.

In den vorhergehenden Abschnitten sind Formeln aufgestellt worden, mit denen man die Gesamtzahl von Rufen berechnen kann, die unter der Voraussetzung gewünschter Wahrscheinlichkeit den Berechnungen des Fernsprechverkehrs zugrunde zu legen sind.

Es handelt sich nun fernerhin um die weitere Aufgabe, den Gleichzeitigkeitsverkehr zu finden, d. h. wenn es bekannt ist, daß in einer bestimmten Richtung 750 Rufe pro Stunde fließen, wie viele Leitungen muß man für diesen Verkehr vorsehen?

Wir haben in der Gl. 1 Seite 13 eine Formel $V = CT + 2{,}8\sqrt[3]{CT}$ kennen gelernt, die sich mit dieser Frage beschäftigt. In dieser Formel tritt die mittlere Gesprächszeit auf, die in den Entwicklungen der vorigen Abschnitte nicht erschien, da diese von Zeitabschnitten unabhängig sind.

Man kann aber die Rufzahlen, die mit den Formeln der Mengen- und Richtungsschwankungen gefunden sind, nicht in die Campbellsche Formel als C einsetzen. Denn das Wurzelglied der Campbellschen Formel soll selber diese Schwankungen berücksichtigen. Man würde sie also zweimal berücksichtigen.

Daß das Wurzelglied diese Schwankungen nur sehr unvollständig deckt, geht aus der starken Abhängigkeit der Schwankungen von den Verhältnissen $\frac{S}{s}$ und $\frac{C}{S}$ hervor, wie dies im Abschnitt 3 ausführlich auseinandergesetzt wurde. Die Campbellsche Formel gibt zuverlässige Werte für diejenigen Amtsstellen, an denen der Verkehr ziemlich ausgeglichen ist, z. B. hinter den zweiten Vorwählern. An wenig ausgeglichenen Stellen z. B., wie sie im Richtungsverkehr zu kleinen Gruppen hin vorkommen (siehe Aufgabe 10 im Abschnitt 4), kann die Formel keine richtigen Werte ergeben, eben weil sie keinen Faktor enthält, der die starke Abhängigkeit der Schwankungen von den Verhältnissen $\frac{S}{s}$ und $\frac{C}{S}$ berücksichtigt.

Hier hat nun Dr.-Ing. Fr. Spiecker eine Arbeit veröffentlicht: „Die Abhängigkeit des erfolgreichen Fernsprechanrufes von der Anzahl der Verbindungsorgane“. Verlag von Julius Springer, Berlin 1913. Seine Gl. 13 Seite 20 bedeutet die Wahrscheinlichkeit, daß in einem bestimmten Augenblick mindestens a Belegungen vorliegen. Die Gl. 13 ist im Kurvenblatt Seite 66 der bequemen Rechnung zugänglich gemacht. Beispiel: Wenn in einer Stunde $n = 200$ Rufe von $t = 3$ Minuten durchschnittlicher Dauer zu bewältigen sind, so kommen mindestens 21 Gespräche gleichzeitig mit der Wahrscheinlichkeit $\frac{1}{900}$ vor, mindestens 25 Gespräche gleichzeitig mit der Wahrscheinlichkeit $\frac{1}{40\,000}$ usw.

Hat man also mit den Formeln für die Mengen- und Richtungsschwankung eine Rufzahl C berechnet, und ist die mittlere Gesprächsdauer $t = 3$ Minuten, so findet man in der Kurventafel der Spieckerschen Arbeit die nötigen Verbindungsleitungen.

Für andere mittlere Gesprächsdauern müssen entsprechende Kurventafeln aufgestellt werden.

Spiecker untersucht im Anschluß an seine Formel (13) die Wahrscheinlichkeiten durchzukommen bei beschränkter Anzahl von Verbindungsleitungen. Spiecker sagt daselbst (Seite 47), daß diese letzteren Rechnungen für den Praktiker zu umständlich sind. Er gibt dann zwar eine empirisch begründete Formel (52a) an, die aber auf zu wenig Versuchsreihen gestützt ist, um allgemein benutzt werden zu können. Ich bin übrigens der Ansicht, daß für den praktischen Bedarf die Kurventafel Seite 66 (bzw. seine Formel 13) ausreicht.

Vor Spiecker hat sich der bekannte dänische Telephontechniker Fr. Johannsen in Kopenhagen eingehend mit der Anwendung der Wahrscheinlichkeitsrechnung auf den Fernsprechverkehr beschäftigt[1]). Von ihm stammt die Anregung, das Gaußsche Fehlergesetz anzuwenden. Johannsen stellt andere Aufgaben, als sie in der vorliegenden Arbeit behandelt wurden. Er geht von Zählerablesungen an einzelnen Teilnehmerleitungen aus.

Er wünscht aus nur zwei- oder vierwöchigen Zählerbeobachtungen auf die Jahresrufzahl eines Teilnehmers zu schließen, da die Jahresrufzahl dem Tarif zugrunde gelegt ist, und da er andererseits — wohl um die Kosten zu ersparen — nicht jede Leitung mit einem eigenen Zähler versehen will.

Er bildet daher aus den Zählerbeobachtungen ein arithmetisches Mittel und rechnet einen „mittleren" Fehler dazu bzw. zieht ihn ab. Diesen mittleren Fehler rechnet er als $\sqrt{N}$, worin N die Zählerablesung ist. Er findet, daß allerdings $\sqrt{N}$ als Fehler nicht genügt, daß $4\sqrt{N}$ genommen werden muß.

Es ist also gerade die umgekehrte Problemstellung wie in der vorliegenden Arbeit. Johannsen geht von Einzelbeobachtungen aus und sucht einen Mittelwert, die vorliegende Arbeit geht vom Mittelwert (C bzw. c) aus und sucht die Verteilung der „Fehler".

---

[1]) Die Telephonie in großen Städten von Fr. Johannsen; dänisch in „Ingenieuren", Kopenhagen; englisch in Post Office Engineers Journal, London, Oktober 1910.

Leider kann ich Johannsens Angaben ($4\sqrt{N}$) nicht dazu benutzen, zu bestimmen, welche Grenzwahrscheinlichkeiten für die Praxis zu wählen sind, da eine beschränkte Anzahl (N) von Beobachtungen in den Gleichungen für die Mengen- und Richtungsschwankungen nicht vorkommt, sondern stets die Gesamtzahl aller Rufe ($\Sigma w = 1$ z. B. in Fig. 15) das Ziel der Rechnungen ist.

Johannsen sagt zwar, die Einzelheiten seiner Theorien wolle er nicht mitteilen, aber er gibt die prozentuale Verteilung der Fehler, die wir als für das Gaußsche Fehlergesetz gültig kennen lernten, an. Ein Unterschied besteht in der Berechnung des mittleren Fehlers, den Johannsen als Funktion der Zahl der Beobachtungen (N) berechnet, während die übliche Ausgleichsrechnung die Gl. 20 Seite 37 benutzt. Ich möchte mich hier auf eine Untersuchung über die Berechtigung des mittleren Fehlers als $\sqrt{N}$ nicht einlassen, da ja, wie erwähnt, Johannsens Problemstellung die Umkehrung der Problemstellung der vorliegenden Arbeit ist.

Johannsen geht alsdann auch auf den Gleichzeitigkeitsverkehr ein. Er stellt sich die Aufgabe, die Anzahl von Anrufen zu berechnen, die eine Beamtin in einer Stunde erledigen kann. Diese Ausführungen sind für den Handbetrieb sehr wertvoll, sie haben aber keinen Bezug auf die Aufgabestellung der vorliegenden Arbeit, denn diese beschäftigt sich fast ausschließlich mit selbsttätigen Ämtern, in denen keine Beamtinnen vorkommen. Ein näheres Eingehen auf diesen Teil der Arbeit Johannsens erübrigt sich daher.

6. Verteilung des Gleichzeitigkeitsverkehrs.

Bei der Umwandlung einer Anlage mit Handbetrieb in eine Anlage mit selbsttätigem oder halbselbsttätigem Betriebe tritt eine Aufgabe auf, die mit den bisher bekannten Mitteln nicht zu lösen war.

Angenommen, ein Handamt mit 10000 Teilnehmern habe einen Fernverkehr, bei dem bis zu 90 Fernverbindungen gleichzeitig bestehen. Im Handamt befindet sich ein Vorschalteschrank für 10000 Trennklinken, und alle Fernverbindungen werden an diesem Vorschaltschrank auf die Teilnehmerleitungen gestöpselt.

Das Amt werde nun in ein selbsttätiges Amt umgewandelt, bei dem die Teilnehmerleitungen in Gruppen von je 100 Leitungen, also in 100 Gruppen eingeteilt werden. Der Fernverkehr soll über die Wähler verteilt werden, d. h. es soll kein Vorschalteschrank mehr aufgestellt werden. Man kann nun die gewöhnlichen Leitungswähler für die Verteilung des Fernverkehrs nicht benutzen, denn ein Fernleitungswähler muß anders arbeiten als ein Ortsleitungswähler, z. B. muß der Fernbeamtin die Möglichkeit gegeben werden, in ein bestehendes Ortsgespräch einzutreten. Sie soll den sprechenden Teilnehmern mitteilen, daß für den einen ein Ferngespräch gewünscht werde. Dann muß die Fernbeamtin imstande sein, das Ortsgespräch zu trennen, damit nur der gewünschte Teilnehmer an der Verbindung angeschaltet bleibt, d. h. daß der andere das Ferngespräch nicht mithören kann.

Die Einzelheiten dieser Schaltungen spielen hier keine Rolle. Die Frage ist aber, wie viele Fernleitungswähler muß man in jeder Hundertergruppe anordnen? Die Ferngespräche verteilen sich durchaus nicht proportional; denn dabei kämen auf eine Hundertergruppe nur $\frac{90}{100} = 0{,}9$ Gespräche, so daß ein Fernleitungswähler ausreichen würde. Schon gefühlsmäßig weiß man, daß dieser eine Fernleitungswähler bei weitem nicht ausreichen kann. Wir müssen folgende Aufgabe lösen:

Aufgabe 12. In einem Amte mit S Teilnehmern bestehen gleichzeitig C Ferngespräche. Mit welcher Wahrscheinlichkeit w entfallen davon c Ferngespräche auf eine Gruppe von s Teilnehmern?

Auf wie viele Arten können c gleichzeitig bestehende Gespräche in einer Gruppe von s Teilnehmern empfangen werden? Es kann selbstverständlich ein Teilnehmer gleichzeitig nur ein Ferngespräch führen. Die Frage ist damit auf folgende andere Frage zurückgeführt: Auf wie viele Arten kann man aus s Teilnehmern Gruppen von je c Teilnehmern bilden? Das ist aber eine der bekannten Aufgaben der Kombinatorik: Auf wie viele Arten kann man aus einer Urne mit s Kugeln Gruppen von je c Kugeln ziehen? Die Lösung heißt, man kann auf $\binom{s}{c}$ Arten Gruppen von je c Kugeln ergreifen.

Während die s Teilnehmer c Ferngespräche führen, müssen die übrigen $S - s$ Teilnehmer die restlichen $C - c$ Ferngespräche führen, was auf $\binom{S-s}{C-c}$ Arten geschehen kann. Der Zähler Z der gesuchten Wahrscheinlichkeit lautet daher:

$$Z = \binom{s}{c}\binom{S-s}{C-c} \quad \ldots \ldots \ldots \quad (35)$$

Der Nenner ist als Summe aller Möglichkeiten zu bilden. Es ist möglich, daß die s Teilnehmer 0 oder 1 oder 2 oder . . . bis zu s Ferngespräche führen, wenn nämlich gleichzeitig jeder der

s Teilnehmer ein Ferngespräch führt. Dabei müßte natürlich die Gesamtzahl C von Ferngesprächen gleich oder größer sein als die Zahl s. Wenn z. B. überhaupt nur 90 Ferngespräche gleichzeitig bestehen, so kann natürlich nicht jeder Teilnehmer einer Hundertergruppe gleichzeitig ein Ferngespräch führen. Es wird eine Probe auf die Richtigkeit der zu findenden Formel sein, daß sie für solche Fälle ein $w = 0$, d. h. Unmöglichkeit ergibt.

Das Nennerglied N_x wird dadurch gefunden, daß man in der Gl. 35 das c durch x ersetzt. Und die gewünschte Wahrscheinlichkeit wird

$$w_c = \frac{\binom{s}{c}\binom{S-s}{C-c}}{\sum_{x=0}^{s}\binom{s}{x}\binom{S-s}{C-x}} = \frac{Z_c}{\sum_{x=0}^{s} N_x} \quad . \quad . \quad . \quad . \quad (36)$$

Wir machen zunächst die Probe, ob die Gleichung für die obengenannten Fälle ein $w = 0$ ergibt. Nehmen wir an $S = 10000$, $C = 90$, $s = 100$. Versuchen wir ein w für $c = 95$ zu berechnen. Der Zähler wird dann

$$Z_{c=95} = \binom{100}{95}\binom{10000-100}{90-95} = \binom{100}{95}\binom{9900}{-5}.$$

Bekanntlich ist eine Kombination

$$\binom{a}{-p} = 0.$$

Die Gl. 36 ergibt also tatsächlich ein $w_{c=95} = 0$.

Nehmen wir einen anderen Fall, den man irrtümlich zu berechnen versuchen könnte: Nehmen wir an $S = 10000$, $C = 115$, $s = 100$. Wie groß ist w für $c = 110$?

Der Zähler $Z_{c=110}$ wird

$$Z_{c=110} = \binom{100}{110}\binom{9900}{5}.$$

Bekanntlich ist eine Kombination

$$\binom{a}{>a} = 0.$$

Also auch in diesem Falle berichtigt die Gl. 36 die irrtümliche Annahme.

Untersuchen wir nun die Nennerkurve N_x. Wir bilden den Quotienten

$$\frac{N_{x+1}}{N_x} = \frac{\binom{s}{x+1}\binom{S-s}{C-x-1}}{\binom{s}{x}\binom{S-s}{C-x}}$$

$$= \frac{s!}{(x+1)!\,(s-x-1)!}\,\frac{(S-s)!}{(C-x-1)!\,(S-s-C+x+1)!}$$

$$= \frac{x!\,(s-x)!}{s!}\,\frac{(C-x)!\,(S-s-C+x)!}{(S-s)!}.$$

Nach der Kürzung gleicher Glieder in Zähler und Nenner und anderer Gruppierung erhält man

$$\frac{N_{x+1}}{N_x} = \frac{x!}{(x+1)!}\,\frac{(s-x)!}{(s-x-1)!}\,\frac{(C-x)!}{(C-x-1)!}\,\frac{(S-s-C+x)!}{(S-s-C+x+1)!}$$

$$\frac{N_{x+1}}{N_x} = \frac{(s-x)\qquad(C-x)}{(x+1)\,(S-s-C+x+1)} \quad \ldots\ldots\ldots\ldots \quad (37)$$

Es wird $N_{x+1} = N_x$ für

$$(s-x)(C-x) = (x+1)(S-s-C+x+1)$$

oder für
$$x = \frac{Cs-S+C+s-1}{S+2} \quad \ldots\ldots \quad (38)$$

N_{x+1} ist größer als N_x, solange der Nenner der Gl. 37 größer ist als der Zähler, oder solange

$$x < \frac{Cs-S+C+s-1}{S+2}$$

und umgekehrt. Die Nennerkurve hat also den gleichen allgemeinen Verlauf wie die Nennerkurve der Gleichungen für die Mengenschwankungen, und man kann die für die Mengenschwankungen aufgestellten Rechnungsregeln auch auf die Verteilung des Gleichzeitigkeitsverkehrs anwenden. Man muß allerdings beachten, daß die Rechnung mit der $f(x) = \frac{N_{x+1}}{N_x}$ manches Mal nicht durchführbar ist, wie in dem folgenden Beispiel gezeigt werden wird. In solchen Fällen rechnet man unmittelbar mit der Gl. 36.

Aufgabe 13. In einem Amte mit $S = 7300$ Teilnehmern bestehen täglich einmal $C = 60$ Fernverbindungen gleichzeitig. Mit welcher Wahrscheinlichkeit w treffen c Ferngespräche auf eine Gruppe von $s = 100$ Teilnehmern?

Die Wahrscheinlichkeit muß mit der Formel

$$w_c = \frac{\binom{100}{c}\binom{7200}{60-c}}{\sum_{x=0}^{60}\binom{100}{x}\binom{7200}{60-x}}$$

berechnet werden. Die vereinfachte Rechnung mit der $f(x) = \frac{N_{x+1}}{N_x}$ wird zu unsicher. Es wird nämlich das Nennerglied N_x ein Maximum nach Gl. 38 für $x = -0,156$; also bei einer negativen Rufzahl, was physikalisch nicht eintreten kann.

Man muß daher die gewünschten Wahrscheinlichkeiten w_c unmittelbar mit der Gl. 36 berechnen. Die Werte sind:

$$w_{c=0} = \frac{1}{2,3},$$

$$w_{c=1} = \frac{1}{2,77},$$

$$w_{c=2} = \frac{1}{6,7},$$

$$w_{c=3} = \frac{1}{25,15},$$

$$w_{c=4} = \frac{1}{132},$$

$$w_{c=6} = \frac{1}{7132}.$$

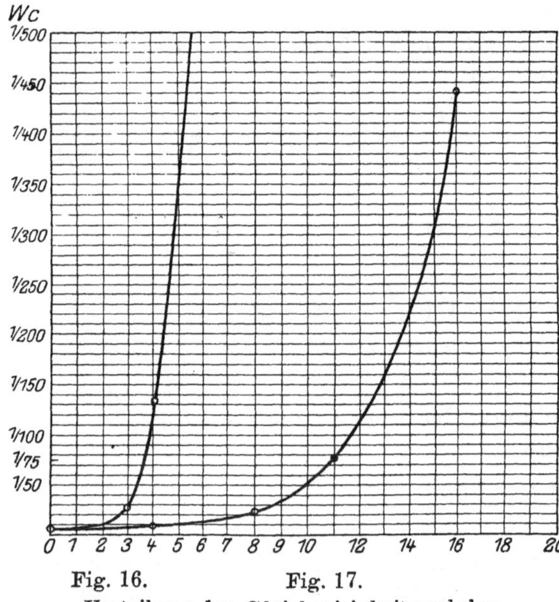

Fig. 16. Fig. 17.
Verteilung des Gleichzeitigkeitsverkehrs.

Die Fig. 16 zeigt die Werte.

Wenn also in einem Amte mit $S = 7300$ Teilnehmern $C = 60$ Fernverbindungen bestehen, so empfangen $s = 100$ Teilnehmer (nach Fig. 16) 3,8 Ferngespräche mit der Wahrscheinlichkeit $w_{c=3,8} = \frac{1}{75}$.

Nun hat das Amt 73 Hundertergruppen. Jedesmal wenn die 7300 Teilnehmer 60 Ferngespräche empfangen, empfängt eine der 73 Hundertergruppen 3,8 Ferngespräche. Da nun jede der 73 Hundertergruppen diese mit 3,8 Ferngesprächen belastete Gruppe sein kann, muß man jede Gruppe mit mindestens 4 Fernleitungswählern ausrüsten. Das ist ein sehr ernsthaft zu beachtendes Ergebnis! Man sollte nicht erwarten, daß bei einer mittleren Ferngesprächszahl von $\frac{73}{60} = 1,2$ Gesprächen pro Hundertergruppe die Schwankungen in den Verteilungen bis zu vier Fernleitungswählern verlangen.

Wie ist nun der über die Fernwähler verteilte Dienst? Wenn eine

Gruppe von $s = 100$ Teilnehmern mit 4 Fernleitungswählern ausgerüstet ist, so kann sie entweder 0 oder 1, 2, 3, 4 Rufe empfangen, aber nicht 5, 6, 7 oder mehr. Die Wahrscheinlichkeit, daß sie 0, 1, 2, 3, 4 Rufe empfängt, ist

$$w_{0\text{ bis }4} = w_0 + w_1 + w_2 + w_3 + w_4$$
$$= \frac{1}{2{,}3} + \frac{1}{2{,}77} + \frac{1}{6{,}7} + \frac{1}{25{,}15} + \frac{1}{132} = 0{,}991\,.$$

Die Wahrscheinlichkeit, daß eine Gruppe 5, 6, 7 oder mehr Rufe empfange, d. h. daß die Anlage versage, ist

$$w_{5\text{ bis }60} = 1 - 0{,}991 = 0{,}009 \cong \frac{1}{100}\,.$$

Da dieses Versagen für jede der 73 Gruppen eintreten kann, so arbeitet das ganze Amt mit der Wahrscheinlichkeit 0,73 für das Versagen der Fernwähleranlage an einer beliebigen Stelle des Amtes, oder etwa jeden zweiten Tag reicht die Anlage an einer Stelle nicht aus.

Noch schlimmer wird die Belastung mit Ferngesprächen, wenn in einer Hundertergruppe mehrere starke Ferngesprächempfänger zusammen treffen. Berechnen wir die

Aufgabe 14. In einem Amte mit $S = 7300$ Teilnehmern bestehen werktäglich einmal gleichzeitig $C = 60$ Ferngespräche. Eine Gruppe von $s = 100$ Teilnehmern, die viermal soviel Ferngespräche empfängt als die anderen Gruppen, empfängt c Ferngespräche mit welcher Wahrscheinlichkeit?

Wir nehmen das Gewicht eines Ferngespräches zu $\frac{1}{4}$ des normalen Gewichtes an. Die Wahrscheinlichkeit w_c muß daher berechnet werden aus

$$w_c = \frac{\binom{100}{c}\binom{7200}{60-c}}{\sum\limits_{x=0}^{60}\binom{100}{\frac{1}{4}x}\binom{7200}{60-\frac{1}{4}x}} \quad \ldots\ldots \quad (39)$$

Die Rechnung muß durch Auswertung dieser Gleichung durchgeführt werden. Man findet:

$$w_{c=0} = \frac{1}{7{,}6},$$
$$w_{c=4} = \frac{1}{9{,}3},$$
$$w_{c=8} = \frac{1}{22{,}7},$$
$$w_{c=16} = \frac{1}{443}.$$

Die Fig. 17 stellt diese Werte dar. Rüsten wir diese eine vielsprechende Gruppe mit 7 Fernleitungswählern aus, so kann sie entweder 0 oder 1, 2, 3, 4, 5, 6, 7 Rufe empfangen. Die Wahrscheinlichkeit dafür ist

$$w_{0 \text{ bis } 7} = w_0 + w_1 + \ldots + w_7 .$$

Aus der Fig. 17 kann man entnehmen

$$w_{0 \text{ bis } 7} = 0{,}822 .$$

Und es wird

$$w_{8 \text{ bis } 60} = 1 - 0{,}822 \cong 0{,}18 = \frac{1}{5{,}6} .$$

Es ist also zu erwarten, daß jede Woche (6 Tage) einmal die Ausrüstung der vielsprechenden Gruppe nicht ausreicht.

Die Gl. 36 S. 62 ermöglicht eine interessante Berechnung. In der Elektrotechnischen Zeitschrift 1912 Heft 30 gibt Ambrosius folgendes an:

Im Amte Leipzig wurde beobachtet: bei $S = 16000$ Teilnehmern und 100 Abfrageplätzen ein gleichzeitiges Bestehen von $C = 630$ Verbindungen. Leider ist die Verteilung von Pauschal- und Gebührenanschlüssen mir unbekannt.

Angenommen, die Teilnehmer seien gleichmäßig verteilt, so kämen auf jeden Arbeitsplatz $s = 160$ Teilnehmer. Man kann nun die Wahrscheinlichkeit berechnen, mit der unter der Annahme

$$S = 16\,000$$
$$C = 630$$
$$s = 160$$

c Rufe auf einen Platz entfallen. Es ist

$$w_c = \frac{\binom{s}{c}\binom{S-s}{C-c}}{\sum \binom{s}{x}\binom{S-s}{C-x}} .$$

Man erhält

für c	ein w_c
0	0,001 564
1	0,010 366
2	0,034 075
3	0,074 082
4	0,119 834
5	0,153 828
6	0,163 230
7	0,147 259

für c	ein w_c
8	0,115 294
9	0,079 582
10	0,049 030
11	0,027 234
12	0,013 751
13	0,006 355
14	0,002 704
15	0,001 065.

In anderen Worten: An einem der 100 Arbeitsplätze wäre 1 Verbindung, an dreien wären 2 Verbindungen, an 7 Arbeitsplätzen wären 3 Verbindungen usw., an 16 Arbeitsplätzen wären 6 Verbindungen usw., bis schließlich an einem 13 Verbindungen gleichzeitig beständen. Addiert man alle w_c, so wird

$$\sum_0^{15} w_c = 0{,}999030.$$

Mit der Wahrscheinlichkeit $1 - \sum_0^{15} w_c = 0{,}001$ würden mehr als 15 Verbindungen auf einen Arbeitsplatz entfallen. Sind an einem Arbeitsplatz hauptsächlich Wenigsprecher (Gebührenanschlüsse) angebracht, so dürfen die Schwankungen noch größer sein.

Da die Wahrscheinlichkeit $\frac{1}{1000}$ sich auf einen Amtsplatz bezieht, und da das Amt 100 Amtsplätze besitzt, so erscheinen mit Bezug auf das ganze Amt mehr als 15 Rufe an beliebiger Stelle mit der Wahrscheinlichkeit $\frac{1}{10}$. Kommt die Belastung von 630 gleichzeitig bestehenden Verbindungen 2mal täglich vor, so wird das Amt etwa an jedem 5. Tage an irgend einer Stelle versagen, indem daselbst Anrufe wegen der Besetzung aller Verbindungseinrichtungen nicht durchkommen.

7. Schlußbemerkungen.

Wir stehen in den ersten Anfängen der Anwendung der Wahrscheinlichkeitsrechnung auf Fernsprechanlagen. Wenn ich es also unentschieden lasse, ob die Anwendung der Methode der kleinsten Quadrate oder die hier und von Spiecker entwickelten Formeln vorzuziehen sind, so liegt diese Unsicherheit im Mangel von genügend großem Versuchsmaterial. Nur sehr umfassende Versuche über den Einfluß der Verhältnisse $\frac{S}{s}$ und $\frac{C}{S}$ werden endgültig entscheiden, auf welche Gruppe von Formeln man sich zuverlässig stützen kann.

Wünschenswert wäre eine Fortentwicklung einer allgemeinen Formel in der Form:

$$V = CT + n\sqrt[m]{CT},$$

worin n und m als Funktionen der Verhältnisse $\frac{S}{s}$ und $\frac{C}{S}$ bestimmt werden. Vielleicht gelingt es auch, n und m als Funktion von μ zu bestimmen, das seinerseits aus den Gleichungen der Mengen- und Richtungsschwankungen abgeleitet werden kann (s. S. 41).

Herr Dr.-Ing. Spiecker war so freundlich, mir einige Reihen seiner Beobachtungen zur Verfügung zu stellen. Diese Versuche sind im Anhang 1 behandelt und zeigen eine befriedigende Übereinstimmung mit den theoretischen Werten.

Anhang 1.

41 Beobachtungen in einem Amte mit $S=250$ Teilnehmern in einer Gruppe mit $s=50$ Teilnehmern.

Lfd. Nr.	C	c	22	23	24	25	26	27	28	29	30	31	32	33	34	35	36	37	38	39	40	41	42	>43
1	163	45	.	.	.	.	.	.	.	.	.	.	.	.	.	.	.	.	.	.	.	.	.	1
2	153	31	.	.	.	.	.	.	.	.	.	1	.	.	.	.	.	.	.	.	.	.	.	.
3	160	36	.	.	.	.	.	.	.	.	.	.	.	.	.	.	1	.	.	.	.	.	.	.
4	151	26	.	.	.	.	1	.	.	.	.	.	.	.	.	.	.	.	.	.	.	.	.	.
5	156	31	.	.	.	.	.	.	.	.	.	1	.	.	.	.	.	.	.	.	.	.	.	.
6	150	26	.	.	.	.	1	.	.	.	.	.	.	.	.	.	.	.	.	.	.	.	.	.
7	166	42	.	.	.	.	.	.	.	.	.	.	.	.	.	.	.	.	.	.	.	.	1	.
8	156	30	.	.	.	.	.	.	.	.	1	.	.	.	.	.	.	.	.	.	.	.	.	.
9	164	47	.	.	.	.	.	.	.	.	.	.	.	.	.	.	.	.	.	.	.	.	.	1
10	153	31	.	.	.	.	.	.	.	.	.	1	.	.	.	.	.	.	.	.	.	.	.	.
11	159	38	.	.	.	.	.	.	.	.	.	.	.	.	.	.	.	.	1	.	.	.	.	.
12	160	35	.	.	.	.	.	.	.	.	.	.	.	.	.	1	.	.	.	.	.	.	.	.
13	164	29	.	.	.	.	.	.	.	1	.	.	.	.	.	.	.	.	.	.	.	.	.	.
14	165	40	.	.	.	.	.	.	.	.	.	.	.	.	.	.	.	.	.	.	1	.	.	.
15	157	23	.	1	.	.	.	.	.	.	.	.	.	.	.	.	.	.	.	.	.	.	.	.
16	158	35	.	.	.	.	.	.	.	.	.	.	.	.	.	1	.	.	.	.	.	.	.	.
17	158	33	.	.	.	.	.	.	.	.	.	.	.	1	.	.	.	.	.	.	.	.	.	.
18	163	31	.	.	.	.	.	.	.	.	.	1	.	.	.	.	.	.	.	.	.	.	.	.
19	151	22	1	.	.	.	.	.	.	.	.	.	.	.	.	.	.	.	.	.	.	.	.	.
20	153	34	.	.	.	.	.	.	.	.	.	.	.	.	1	.	.	.	.	.	.	.	.	.
21	158	20	1	.	.	.	.	.	.	.	.	.	.	.	.	.	.	.	.	.	.	.	.	.
22	155	23	.	1	.	.	.	.	.	.	.	.	.	.	.	.	.	.	.	.	.	.	.	.
23	161	38	.	.	.	.	.	.	.	.	.	.	.	.	.	.	.	.	1	.	.	.	.	.
24	161	35	.	.	.	.	.	.	.	.	.	.	.	.	.	1	.	.	.	.	.	.	.	.
25	163	40	.	.	.	.	.	.	.	.	.	.	.	.	.	.	.	.	.	.	1	.	.	.
26	150	24	.	.	1	.	.	.	.	.	.	.	.	.	.	.	.	.	.	.	.	.	.	.
27	151	27	.	.	.	.	.	1	.	.	.	.	.	.	.	.	.	.	.	.	.	.	.	.
28	162	23	.	1	.	.	.	.	.	.	.	.	.	.	.	.	.	.	.	.	.	.	.	.
29	168	28	.	.	.	.	.	.	1	.	.	.	.	.	.	.	.	.	.	.	.	.	.	.
30	154	40	.	.	.	.	.	.	.	.	.	.	.	.	.	.	.	.	.	.	1	.	.	.
31	169	37	.	.	.	.	.	.	.	.	.	.	.	.	.	.	.	1	.	.	.	.	.	.
32	162	35	.	.	.	.	.	.	.	.	.	.	.	.	.	1	.	.	.	.	.	.	.	.
33	160	24	.	.	1	.	.	.	.	.	.	.	.	.	.	.	.	.	.	.	.	.	.	.
34	152	32	.	.	.	.	.	.	.	.	.	.	1	.	.	.	.	.	.	.	.	.	.	.
35	155	27	.	.	.	.	.	1	.	.	.	.	.	.	.	.	.	.	.	.	.	.	.	.
36	168	24	.	.	1	.	.	.	.	.	.	.	.	.	.	.	.	.	.	.	.	.	.	.
37	170	57	.	.	.	.	.	.	.	.	.	.	.	.	.	.	.	.	.	.	.	.	.	1
38	155	34	.	.	.	.	.	.	.	.	.	.	.	.	1	.	.	.	.	.	.	.	.	.
39	161	38	.	.	.	.	.	.	.	.	.	.	.	.	.	.	.	.	1	.	.	.	.	.
40	167	48	.	.	.	.	.	.	.	.	.	.	.	.	.	.	.	.	.	.	.	.	.	1
41	167	38	.	.	.	.	.	.	.	.	.	.	.	.	.	.	.	.	1	.	.	.	.	.
$\Sigma \frac{C}{41} = 159$		$a =$	2	3	3	0	2	2	1	1	1	4	1	1	2	4	1	1	4	0	3	0	1	4
		$\lambda =$	>9	−8	−7	−6	−5	−4	−3	−2	−1	0	+1	+2	+3	+4	+5	+6	+7	+8	+9	+10	11	12
		$\lambda^2 =$	81	64	49	36	25	16	9	4	1	0	1	4	9	16	25	36	49	64	81	100	121	144
		$a\lambda^2 =$	162	192	147	0	50	32	9	4	1	0	1	4	18	64	25	36	196	0	243	0	121	576

$\Sigma a \lambda^2 = 1590$ $\quad \mu = \sqrt{\frac{1590}{41}} = 6{,}45.$ $\quad$ Fehlernullpunkt liegt bei $c = 31$.

Innerhalb der Fehlergrenzen

$31 \pm \frac{1}{2}\mu = 31 \pm 3{,}2$ liegen $\cong 13$ Beobachtg. $= \frac{13}{41} = 31\,\%$

$31 \pm \mu = 31 \pm 6{,}5$ „ $\cong 24$ „ $= \frac{24}{41} = 59\,\%$

$31 \pm \frac{4}{3}\mu = 31 \pm 8{,}2$ „ $\cong 33$ „ $= \frac{33}{41} = 80\,\%$

$31 \pm 1{,}66\,\mu = 31 \pm 11$ „ $\cong 38$ „ $= \frac{38}{41} = 93\,\%$.

Für die theoretische Rechnung liegt die Aufgabe vor, die Mengenschwankung zu finden für $S = 250$, $C = 159$, $s = 50$. Das Maximum der Wahrscheinlichkeit (gleich Fehlernullpunkt) ist zu erwarten für

$$c = \frac{Cs - C - S + s - 1}{S - 2} = 31.$$

Die Ausrechnung der Wahrscheinlichkeiten ergibt folgende Zusammenstellung:

Rufe	w_c	Fälle a	λ	λ^2	$a\lambda^2$
20	0,000 45	0,4	− 11	121	48
21	0,011 80	11,9	− 10	100	1100
22	0,018 20	18,2	− 9	81	1472
23	0,025 90	25,9	− 8	64	1660
24	0,031 98	31,9	− 7	49	1565
25	0,038 27	38,3	− 6	36	1380
26	0,046 12	46,1	− 5	25	1150
27	0,050 02	50,0	− 4	16	800
28	0,054 94	54,9	− 3	9	495
29	0,058 65	58,6	− 2	4	235
30	0,061 03	61,1	− 1	1	61
31	0,061 04	61,1	0	0	0
32	0,061 37	61,3	+ 1	1	61
33	0,059 41	59,4	+ 2	4	238
34	0,057 02	57,0	+ 3	9	513
35	0,052 11	52,1	+ 4	16	817
36	0,046 83	46,8	+ 5	25	1170
37	0,041 90	41,9	+ 6	36	1510
38	0,036 46	36,5	+ 7	49	1790
39	0,031 10	31,1	+ 8	64	1992
40	0,026 00	26,0	+ 9	81	2110
41	0,020 00	20,0	+ 10	100	2000
42	0,013 00	13,0	+ 11	121	1560
43	0,006 50	6,5	+ 12	144	935
44	0,002 50	2,5	+ 13	169	420
		Σa 912,4			$\Sigma a\lambda^2 = 25\,082$

also
$$\mu = \sqrt{\frac{25\,082}{912}} = \sqrt{27{,}5} = 5{,}25\,.$$

Innerhalb der Grenzen

$31 \pm 0{,}4\,\mu = 31 \pm 2$	liegen	301	Werte	$= 33\,\%$
$31 \pm \mu = 31 \pm 5$	„	608	„	$= 66{,}8\,\%$
$31 \pm 1{,}4\,\mu = 31 \pm 7$	„	757	„	$= 83\,\%$
$31 \pm 2\,\mu = 31 \pm 10$	„	890	„	$= 98\,\%$.

Die Häufigkeit in Prozenten ist für die beobachteten und berechneten Werte in der Fig. 18 dargestellt. Die berechneten Werte zeigen eine schöne Kurve, die beobachteten Werte zeigen bei $\mu = 1{,}33$ einen Knick, der nicht richtig sein kann. Der Knick kommt davon her, daß der mittlere beobachtete Fehler ($\mu = 6{,}45$)

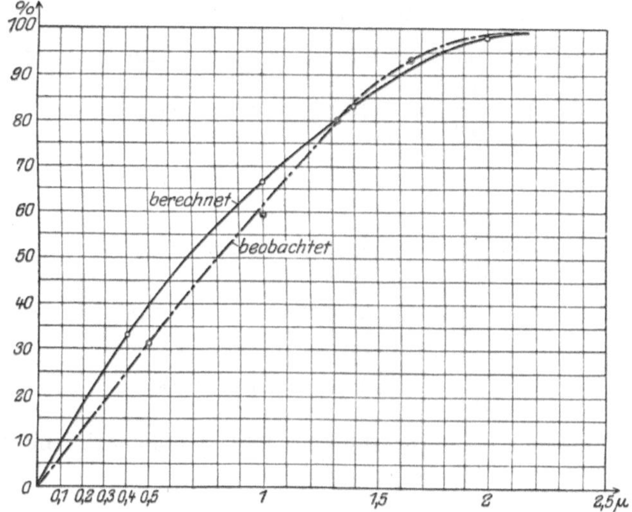

zwischen zwei Rufzahlen nsicher ist, ob man als Grenzen 31 ± 6 oder 31 ± 7 einsetzen soll. In einem Falle liegt die beobachtete Kurve über, im anderen Falle unter der berechneten Kurve. In Anbetracht der sehr kleinen Anzahl von Versuchen kann die Übereinstimmung als befriedigend angesehen werden.

Anhang 2.

Beispiel für die Berechnung einer Richtungsschwankung mit Logarithmen der Fakultäten.

$S = 1000$ Teilnehmer,	$C = 1000$ Rufe,
$s_f = 400$ „	$c_f = 400$ „
$s_g = 100$ „	$e_g = 100$ Rufe $= c_g$.

Die größte Wahrscheinlichkeit ist zu erwarten für

$$c_{fg} = c_f \cdot \frac{c_g}{C} = 400 \cdot \frac{100}{1000} = 40 \text{ Rufe.}$$

Die Wahrscheinlichkeit ist zu berechnen aus:

$$w_{fg} = \frac{\binom{c_{fg}+99}{99}\binom{1299-c_{fg}}{899}\binom{c_{fg}+399}{399}\binom{699-c_{fg}}{599}}{\sum\limits_{x=0}^{400}\binom{x+99}{99}\binom{1299-x}{899}\binom{x+399}{399}\binom{699-x}{599}}.$$

Schreibt man den Nenner in Fakultäten, so erhält man:

$$N_x = \frac{(x+99)!\,(1299-x)!\,(x+399)!\,(699-x)!}{x!\;99!\;899!\;(400-x)!\;399!\;x!\;599!\;(100-x)!}$$

Die Logarithmen der stets wiederkehrenden Nennerglieder sind

$$\lg\frac{1}{99!} = 844{,}029\,996 - 1000$$

$$\lg\frac{1}{899!} = 7733{,}124\,766 - 10\,000$$

$$\lg\frac{1}{399!} = 133{,}795\,646 - 1000$$

$$\lg\frac{1}{599!} = 8594{,}675\,864 - 10\,000$$

$$\lg\frac{1}{R!} = 305{,}626\,273 - 5000$$

Nunmehr schreibe man tabellarisch die zu berechnenden Werte von $\lg N_x$ für verschiedene Werte von x auf:

$$x = 10 \quad \lg(x+99)! = \lg 109! = 176{,}159\,525$$

$$\lg(1299-x)! = \lg 1289! = 3479{,}020\,668$$

$$\lg(399+x)! = \lg 409! = 892{,}273\,430$$

$$\lg(699-x)! = \lg 689! = 1658{,}122\,398$$

$$\lg\frac{1}{x!} = \lg\frac{1}{10!} = 93{,}440\,237 - 100$$

$$\lg\frac{1}{x!} = \lg\frac{1}{10!} = 93{,}440\,237 - 100$$

$$\lg\frac{1}{(400-x)!} = \lg\frac{1}{390!} = 157{,}164\,936 - 1000$$

$$\lg\frac{1}{(100-x)!} = \lg\frac{1}{90!} = 861{,}828\,064 - 1000$$

$$\lg\frac{1}{R!} = 305{,}626\,273 - 5000$$

$x = 20$ 119 196,746 212
1279 3447,933 338
419 918,448 571
679 1629,768 702
$\frac{1}{20}$ 81,613 875 — 100
$\frac{1}{20}$ 81,613 875 — 100
$\frac{1}{380}$ 183,025 059 — 1000
$\frac{1}{80}$ 881,145 272 — 1000
$\frac{1}{R}$ 305,626 273 — 5000

525,921 177
$-\lg Z_{40}$ — 531,487 398

0,433 779 — 6 $\frac{N_{x=20}}{Z_{40}} = 0{,}000002715$
$+\lg w_{c4} =$ + 0,979 133 — 2
$\lg w_{c20} =$ 0,412 912 — 7 $w_{c=20} = 0{,}00000 \ldots$

$x = 30$ 129
1269
429
669
$\frac{1}{30}$
$\frac{1}{30}$
$\frac{1}{370}$
$\frac{1}{70}$
$\frac{1}{R!}$
usw.

Man schreibe zunächst nur auf $x = 10$
$x = 20$
$x = 30$ usw.

und lasse den nötigen Platz zwischen den Zahlen. Alsdann schreibe man der Reihe nach lg 109! lg 119! lg 129! auf, d. h. die erste

Ziffer, der Einfachheit wegen kann man die Zeichen lg und ! weglassen. Alsdann schreibe man darunter 1289, 1279, 1269 usw. Erst nachdem alle linken Spalten aufgeschrieben sind, suche man die Logarithmen auf, und zwar ebenfalls in der Reihenfolge 109, 119, 129, 139 usw., dann 1289, 1279, 1269 usw. Dieses Verfahren führt zu einem mechanischen Rechnen, bei dem Irrtümer leicht zu vermeiden sind, und das viele Hin- und Herblättern in Logarithmen-Tafeln ist ganz umgangen.

Daraufhin addiere man die Logarithmen. Eine der Rechnungen ergibt einen Logarithmus für $N_{x=40}$, nämlich $\lg N_{x=40} = 531{,}487\,398$. Dieser ist gleich dem $\lg Z_{x=40}$. Man fahre nun entsprechend der Gl. 10a (Seite 20) fort. Es wird

$$\frac{N_{x=40}}{Z_{c=40}} = 1, \qquad \lg\frac{N_{x=40}}{Z_{c=40}} = 0{,}00\,.$$

Desgleichen wird z. B.

$$\lg\frac{N_{x=20}}{Z_{c=40}} = \begin{array}{r} 525{,}921\,177 \\ -\,531{,}487\,388 \\ \hline 0{,}433\,779-6 \end{array} \qquad \frac{N_{x=20}}{Z_{c=40}} = 0{,}000\,002\,715\,.$$

Dieses Verfahren setze man so weit rechts und links von $\frac{N_{x=40}}{Z_{c=40}} = 1$ fort, als die Nennerglieder einen merkbaren Einfluß auf die $\sum\frac{N_x}{Z_c}$ ausüben. Es wird

$$\frac{N_{x=20}}{Z_{40}} = 0{,}000\,002\,715,$$

$$\frac{N_{x=30}}{Z_{40}} = 0{,}058\,48\,,$$

$$\frac{N_{35}}{Z_{40}} = 0{,}528\,26\,,$$

$$\frac{N_{40}}{Z_{40}} = 1{,}000\,00\,,$$

$$\frac{N_{45}}{Z_{40}} = 0{,}454\,46\,,$$

$$\frac{N_{50}}{Z_{40}} = 0{,}054\,349\,,$$

$$\frac{N_{60}}{Z_{40}} = 0{,}000\,017\,31\,.$$

Man sieht, daß die Glieder N_x unter $x = 20$ und über $x = 60$ gegenüber der Zahl 1 so klein sind und so schnell abnehmen, daß man nicht weiter zu rechnen braucht. Je nach dem Grade der Genauigkeit, mit dem man rechnen will, berechnet man Zwischenwerte zwischen $\frac{N_{x=20}}{Z_{c=40}}$ und $\frac{N_{x=30}}{Z_{c=40}}$, nötigenfalls berechnet man das Nennerglied für jedes in Frage kommende x. Begnügt man sich mit der Berechnung von nicht aufeinanderfolgenden Nennergliedern, so trage man sie in einer Kurve auf. Die Kurve für die vorliegende Aufgabe hat einen ganz ähnlichen Verlauf wie die Fig. 7.

Nun addiere man die Ordinaten über den ganzzahligen Abszissen. Man findet $\sum \frac{N_x}{Z_{40}} = 10{,}492\,22$. Es sei darauf aufmerksam gemacht, daß man recht genau rechnen muß, wenn man beabsichtigt, späterhin die Wahrscheinlichkeiten, daß mehr als c Rufe gemacht werden (siehe z. B. Seite 66), zu berechnen. Der Quotient

$$\frac{1}{\sum \frac{N_x}{Z_{40}}} = \frac{1}{10{,}492\,22} = w_{c=40}$$

und

$$\lg w_{c=40} = 0{,}979\,132\,5 - 2\,.$$

Nun ist nach den Überlegungen zu Gl. 13 Seite 26ff.

$$\frac{w_x}{w_{40}} = \frac{\frac{N_x}{Z_{40}}}{\frac{N_{40}}{Z_{40}}} = \frac{N_x}{Z_{40}}$$

oder

$$w_x = \frac{N_x}{Z_{40}} \cdot w_{40}\,.$$

Die Werte auf der rechten Seite dieser Gleichung kennen wir. Wir brauchen nur noch die Logarithmen zu addieren, z. B.

$$\begin{aligned} \lg \frac{N_{x=20}}{Z_{40}} &= 0{,}433\,779 - 6 \\ + \lg w_{c=40} &= + \; 0{,}979\,133 - 2 \\ \hline \lg w_{c=20} &= \quad 0{,}412\,912 - 7 \qquad w_{c=20} = 0{,}000\,000\,258\,8\,. \end{aligned}$$

Auf diese Weise erhält man folgende in umstehender Tabelle angegebenen Werte:

	$\frac{N_x}{Z_{40}}$	$S = 1000$ $C = 1000$ $s_f = 400$ $c_f = 400$ W_c $s_g = 100$ $e_g = 100$
$x = 20$	0,000002715	0,0000002588
$x = 21$	0,000010886	0,000001035
$x = 22$	0,000039494	0,000003764
$x = 23$	0,000131119	0,000012496
$x = 24$	0,000398576	0,000037988
usw.		
$x = 38$	0,9253607	0,08819500
$x = 39$	0,9901866	0,09437348
$x = 40$	1,000000	0,09530880
$x = 41$	0,9540158	0,09092600
$x = 42$	0,8605100	0,08201400
usw.		
$x = 58$	0,000129155	0,000012309
$x = 59$	0,000048481	0,0000046206
$x = 60$	0,00001731	0,0000016502
$x = 61$	0,000005883	0,0000005607
usw.		

Damit kennt man die Wahrscheinlichkeit für jede Rufzahl und kann nun alle weiteren Aufgaben, z. B. $\sum_{x=0}^{40} w_x$ oder $1 - \sum_{x=0}^{40} w_x$ (siehe Seite 66), durch einfaches Addieren lösen.

Anhang 3.

Berechnung einer Richtungsschwankung mit Hilfe der

$$f(x) = \frac{N_{x+1}}{N_x}.$$

Aufgabe: Eine Anlage mit $S = 1000$ Teilnehmern, die $C = 1000$ Rufe machen, sei in zwei Ämter unterteilt:

Das Amt F habe $s_f = 400$ Teilnehmer, die $c_f = 400$ Rufe machen,
„ „ G „ $s_g = 600$ „ „ $e_g = 600$ „ empfangen,
und auch $c_g = 600$ „ machen.

Es sei ein vierziffriges System angenommen, so daß

das Amt F numeriert sei 1000 bis 1399
„ „ G „ „ 2000 „ 2599.

Die Verbindungsleitungen von F nach G bilden daher eine einzige Gruppe und jede Verbindungsleitung steht jeder herzustellenden Verbindung zur Verfügung.

Die Wahrscheinlichkeit w_{fg}, mit welcher c_{fg} Rufe vom Amte F nach dem Amte G fließen, ist zu berechnen aus Gl. 24:

$$w_{fg} = \frac{\binom{c_{fg}+599}{599}\binom{799-c_{fg}}{399}\binom{c_{fg}+399}{399}\binom{1199-c_{fg}}{599}}{\sum\limits_{x=0}^{400}\binom{x+599}{599}\binom{799-x}{399}\binom{x+399}{399}\binom{1199-x}{599}}.$$

Diese Aufgabe sei mit Hilfe der Funktion $\frac{N_{x+1}}{N_x}$ berechnet. Dazu zerlegen wir die Aufgabe in zwei Teile:

A. Die ersten zwei Glieder des Nenners geteilt durch das Produkt der ersten beiden Glieder des Zählers:

$$A = \frac{1}{\dfrac{\sum\limits_{x=0}^{400}\binom{x+s_g-1}{s_g-1}\binom{c_f-x+S-s_g-1}{S-s_g-1}}{\binom{c_{fg}+599}{599}\binom{799-c_{fg}}{399}}}.$$

Entsprechend der Gl. 7 (S. 19) wird

$$\frac{N_{x+1}}{N_x} = \frac{(x+s_g)(c_f-x)}{(x+1)(c_f-x+S-s_g-1)} = \frac{(x+600)(400-x)}{(x+1)(799-x)}.$$

Das Maximum dieser Nennerkurve ist zu erwarten nach Gl. 9

$$x = \frac{c_f \cdot s_g}{S} = \frac{400 \cdot 600}{1000} = 240 \text{ Rufe.}$$

Wir suchen zunächst die $\lg \frac{N_{x+1}}{N_x}$:

$x = 205$

	$x+600=805$	2,9057959	$x+1 = 206$	2,3138672
	$+400-x=195$	+2,2900346	$799-x=594$	+2,7737864
		5,1958305		
		—5,0876536		
	$\lg \frac{N_{x+1}}{N_x} =$	0,1081769		
$x = 206$	806	2,9063350	207	2,3159703
	194	2,2878017	593	2,7730547
		5,1941367		
		—5,0890250		
	$\lg \frac{N_{x+1}}{N_x} =$	0,1051117		
$x = 207$	807		208	
	193		592	

usw.

Man schreibt zuerst nur auf $x = 205$, 206, 207 und läßt den nötigen Zwischenraum, dann schreibt man auf für $(x + 600)$ 805, 806, 807, 808 usw. Darunter setzt man $(400 - x)$ 195, 194, 193, 192 usw. Alsdann in einer anderen Spalte schreibt man auf

$x + 1$ ... 206, 207, 208 usw.

Darunter $779 - x$ 594, 593, 592 usw.

Das setze man fort bis etwa $x = 275$.

Dann schlägt man die Logarithmen auf, auch wieder in der Reihenfolge 805, 806, 807, danach 195, 194, 193 usw. Nun addiert und subtrahiert man die Logarithmen wie im obigen Schema angegeben und erhält die $\lg \frac{N_{x+1}}{N_x}$.

Man gehe nun aus vom Punkte $\frac{N_{x=240}}{Z_{240}} = 1$.

Es wird

$$\lg \frac{N_{241}}{Z_{240}} = \lg \frac{N_{241}}{N_{240}} + \lg \frac{N_{240}}{Z_{240}}$$

$$\lg \frac{N_{242}}{Z_{240}} = \lg \frac{N_{242}}{N_{241}} + \lg \frac{N_{241}}{Z_{240}}$$

usw.

also:

$$\lg \frac{N_{240}}{Z_{240}} = 0{,}000000$$

$$+ \lg \frac{N_{241}}{N_{240}} = 0{,}9989705 - 1$$

$$\lg \frac{N_{241}}{Z_{240}} = 0{,}9989705 - 1$$

$$+ \lg \frac{N_{242}}{N_{241}} = 0{,}9957435 - 1$$

$$\lg \frac{N_{242}}{Z_{240}} = 0{,}9947140 - 1$$

$$+ \lg \frac{N_{243}}{N_{242}} = 0{,}9925077 - 1$$

$$\lg \frac{N_{243}}{Z_{240}} = 0{,}9872217 - 1$$

usw.

Alsdann gehe man vom Punkte $\frac{N_{x=240}}{Z_{240}}$ nach links:

$$\lg \frac{N_{240}}{Z_{240}} = \quad 0{,}000000$$

$$-\lg \frac{N_{240}}{N_{239}} = -0{,}0021887$$

$$\lg \frac{N_{239}}{Z_{240}} = \quad 0{,}9978113 - 1$$

$$-\lg \frac{N_{239}}{N_{238}} = -0{,}0053982$$

$$\lg \frac{N_{238}}{Z_{240}} = \quad 0{,}9924131 - 1$$

$$-\lg \frac{N_{238}}{N_{237}} = -0{,}0086998$$

$$\lg \frac{N_{237}}{Z_{240}} = \quad 0{,}9837133 - 1$$

usw.

Nun behandele man den zweiten Teil B der Aufgabe, nämlich

$$B = \frac{1}{\dfrac{\sum \binom{x + s_f - 1}{s_f - 1} \binom{e_g - x + S - s_f - 1}{S - s_f - 1}}{\binom{c_{fg} + s_f - 1}{s_f - 1} \binom{e_g - c_{fg} + S - s_f - 1}{S - s_f - 1}}}.$$

Für die Nennerkurve N_x dieser Aufgabe wird das Maximum zu erwarten sein.

$$x = \frac{e_g \cdot s_f}{S} = \frac{600 \cdot 400}{1000} = 240,$$

d. h. die Maxima der Kurven A und B fallen zusammen.

Für die Nennerkurve B wird

$$\frac{N_{x+1}}{N_x} = \frac{(x + 400)(600 - x)}{(x + 1)(1199 - x)}.$$

Man verfahre wie zuvor z. B.

$x = 210$	610	2,7853298	211	2,3242825
	$+390$	$+$ 2,5910646	989	$+$ 2,9951963
		5,3763944		
		$-$5,3194788		

$$\lg \frac{N_{211}}{N_{210}} = 0{,}0569156$$

$x = 211$	611	2,7860412	212	2,3263359
	389	2,5899496	988	2,9947569
		5,3759908		
		— 5,3210928		

usw.

Man beginne wieder beim Punkt $\frac{N_{240}}{Z_{240}} = 1$.

$$\lg \frac{N_{240}}{Z_{240}} = 0{,}000000$$

$$+\lg \frac{N_{241}}{N_{240}} = +0{,}9986469 - 1$$

$$\lg \frac{N_{241}}{Z_{240}} = 0{,}9986469 - 1$$

$$+\lg \frac{N_{242}}{N_{241}} = 0{,}9967715 - 1$$

$$\lg \frac{N_{242}}{Z_{240}} = 0{,}9954184 - 1$$

usw.

Und andererseits nach links von $\frac{N_{240}}{Z_{240}}$ aus:

$$\lg \frac{N_{240}}{Z_{240}} = 0{,}000000$$

$$-\lg \frac{N_{240}}{N_{239}} = -0{,}0005257$$

$$\lg \frac{N_{239}}{Z_{240}} = 0{,}9994743 - 1$$

$$-\lg \frac{N_{239}}{N_{238}} = -0{,}0024080$$

$$\lg \frac{N_{238}}{Z_{240}} = 0{,}9970663 - 1$$

usw.

Nun kennt man für jeden Wert x den $\lg \frac{N_x}{Z_{240}}$ sowohl für A als auch für B.

Also wird

		$\frac{N_x}{Z_{240}}$	w_{fg}
$x = 205 \lg \frac{N_x}{Z_{240}}$ der Kurve A	0,0541966 − 2		
„ „ „ „ B	0,8326641 − 2		
$\lg A + \lg B =$	0,8868607 − 4	0,00077066	0,000033342
$x = 206 \lg \frac{N_x}{Z_{240}}$ der Kurve A	0,1623735 − 2		
„ „ „ „ B	0,8997630 − 2		
	0,0621365 − 3	0,0011538	0,00004992
$x = 207 \lg \frac{N_x}{Z_{240}}$ der Kurve A	0,2674852 − 2		
„ „ „ „ B	0,9648123 − 2		
	0,2322975 − 3	0,0017073	0,00007386

usw.

Man sucht nun die Numeri $\frac{N_x}{Z_{240}}$ zu dem Logarithmus auf, hat also die Nennerglieder in der Formel für $w_{fg=240}$

$$w_{fg=240} = \frac{1}{+\frac{N_{205}}{Z_{240}} + \frac{N_{206}}{Z_{240}} + \frac{N_{207}}{Z_{240}} + \ldots};$$

Addiert man die Nennerglieder, so erhält man die Summe 23,22335756 und

$$w_{fg=240} = \frac{1}{23,22335756}$$

$$\lg w_{240} = 0,63613696 - 2.$$

Entsprechend der Gl. 13 (S. 26ff.) addiert man die Logarithmen der $\lg \frac{N_x}{240} + \lg w_{240}$ und erhält die Logarithmen der Wahrscheinlichkeiten w_x für alle Punkte von $x = 205$ an.